高等职业技术院校机电一体化技术专业任务驱动型教材

电机控制技术

主编 牛小方 韩钢

中国劳动社会保障出版社

简介

本书为机电一体化技术专业任务驱动型教材，主要内容包括：变压器的使用、拆装与检测，三相异步电动机控制线路的装调与维护，单相异步电动机的使用与检修，直流电动机控制线路的装调与维护，控制电动机的使用与维护，典型机床电气控制线路的装调。

本书由牛小方、韩钢主编，李金钟主审。

图书在版编目(CIP)数据

电机控制技术/牛小方，韩钢主编. —北京：中国劳动社会保障出版社，2013
高等职业技术院校机电一体化技术专业任务驱动型教材
ISBN 978－7－5167－0325－0

Ⅰ.①电…　Ⅱ.①牛…　②韩…　Ⅲ.①电机-控制系统-高等职业教育-教材　Ⅳ.①TM301.2

中国版本图书馆 CIP 数据核字(2013)第 137236 号

中国劳动社会保障出版社出版发行

（北京市惠新东街 1 号　邮政编码：100029）

出 版 人：张梦欣

*

北京昌联印刷有限公司印刷装订　　新华书店经销

787 毫米×1092 毫米　16 开本　12 印张　285 千字

2013 年 7 月第 1 版　　2025 年 11 月第 7 次印刷

定价：22.00 元

营销中心电话：400-606-6496

出版社网址：http://www.class.com.cn

http://jg.class.com.cn

前言

为了更好地满足企业对机电一体化技术专业高技能人才的需求，全面提升教学质量，人力资源和社会保障部教材办公室组织全国有关院校的一线教学专家、企业技术专家，在充分调研企业生产实际和学校教学需求的基础上，精心编写了高等职业技术院校机电一体化技术专业教材。本套教材紧紧围绕机电产品装调、机电产品维护、机电产品技改等岗位的要求，参照《国家职业标准·维修电工》《国家职业标准·装配钳工》《国家职业标准·数控机床装调维修工》等国家职业标准，以及企业机电一体化设备装调、维护、技改的基本工作流程，确定以机电产品装调能力、机电产品维护能力、机电产品技改能力培养为主要教学目标。

本套教材选用数控机床设备及自动化生产线设备这两类常用的机电一体化设备作为主要教学载体，并通过三个阶段实现对机电一体化产品的装调、维护、技改能力的培养。

第一阶段为基础通用能力培养。主要通过《机械制图与AutoCAD绘图》《机电电路制图与CAD绘图》《机械基础》《装配钳工技术》《电工电子技术》《机械制造技术》的教学，使学生能读懂机电一体化设备的机械机构图样、电气与电子电路图样并具备一定的图样绘制能力，能进行常用机械机构、电气与电子电路的装调、维护、技改工作，以及掌握检验机床设备加工精度的基本机械加工技术。

第二阶段为分系统装调、维护、技改能力培养。主要通过《气动液压传动技术》（机械运动系统），《电机控制技术》（伺服拖动系统），《传感器应用技术》（信号检测系统），《PLC应用技术》《单片机应用技术》（电气控制系统）的教学，使学生能够熟练地进行对应分系统的装调、维护、技改工作。

第三阶段为全系统装调、维护、技改能力培养。在具备基础通用能力以及分系统装调、维护、技改能力的基础上，主要通过《数控设备装调诊断技术》《自动化生产线设备装调诊断技术》的教学，使学生能熟练地进行机电一体化设备的全系统装调、维护、技改工作。

在教材内容的组织上，采用任务驱动的编写思路。在教材的每一单元，首先提出具体的学习任务，使学生明确目标，产生学习的积极性；然后结合具体实例，讲解完成任务所需要的相关知识，使学生的认识由感性上升到理性；在任务实施环节，详细介绍完成任务的步骤和注意事项，使学生能够顺利完成任务，增强学习的成就感。

为方便教学，本套教材均配有免费电子课件，可在中国人力资源和社会保障出版集团网站（www.class.com.cn）下载。其中《机械制图与AutoCAD绘图》《机械基础》《电工电子技术》《机械制造技术》《气动液压传动技术》等专业基础课还配有习题册。

在本套教材的编写过程中，得到了有关省市人力资源和社会保障部门、高等职业技术院校和相关企业的大力支持，教材的编审人员做了大量的工作，在此表示衷心的感谢！同时，恳切希望广大读者对教材提出宝贵的意见和建议。

人力资源和社会保障部教材办公室

2012 年 6 月

目录

模块一 变压器的使用、拆装与检测

任务1　单相变压器的拆装与检测

◆ 技能点

◎ 单相变压器的拆装

◎ 单相变压器的测试

◆ 知识点

◎ 单相变压器的结构

◎ 单相变压器的工作原理

◎ 单相变压器的额定值

◎ 变压器的常见故障及原因

任务提出

变压器分为单相和三相两种，其中单相变压器的功率较小，主要应用于机床设备控制电路、安全照明电路以及各种家用电器的电源适配器中。变压器最主要的功能是改变交流电压，如图1—1—1所示为机床安全照明电路，变压器T将单相交流电压220 V变换为36 V，供白炽灯EL用电，S为照明控制开关，熔断器FU1和FU2作短路保护。

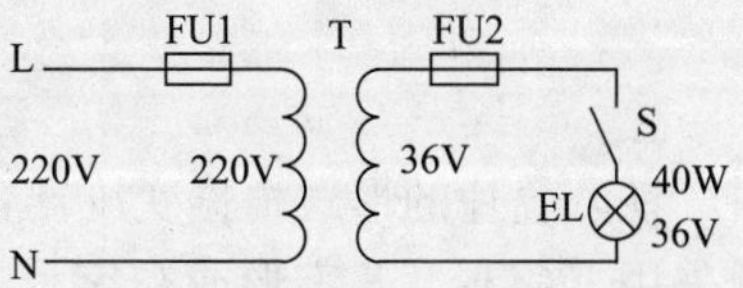

图1—1—1　机床安全照明电路

在生产实践中经常遇到变压器烧毁、绕组断路或短路的情况，在无法获得同型号的变压器时，就需要自己动手将损坏的绕组拆除，用新的漆包线在原铁心上重新绕制一个参数相同的变压器来更换故障变压器。如果变压器因受潮造成绝缘电阻下降，则只需要进行绝缘处理。

现有小型单相变压器一台，电工工具、测量仪表及量具、绝缘材料以及烘干设备均已准备好，要求将变压器的铁心和绕组先拆解，然后组装并恢复变压器的绝缘，最后测试绝缘电阻、直流电阻、空载电压与负载电压等参数。

任务分析

要完成本任务，需要具备交流电和电磁感应的基础知识以及使用万用表、兆欧表和千分尺的测量技能。学习并掌握单相变压器的结构、工作原理、拆装与测试技能，并按照以下步骤实施：拆卸变压器，测量并记录绕组的线径和匝数；重新制作变压器绕组，组装变压器并进行绝缘处理。在拆解变压器过程中，要注意硅钢片的叠压方式，以便恢复铁心原状。由于新绕组漆包线的线径及绕制匝数必须与原绕组相同，所以在拆解时要做好记录。变压器组装后要进行绝缘处理和测试，只有在输出电压符合额定值和绝缘电阻达到要求时，该变压器才算维修成功。

相关知识

一、单相变压器的结构

变压器的主要部分是铁心以及绕在铁心上的高压绕组和低压绕组。

1. 铁心

铁心构成了变压器的磁路。铁心由薄硅钢片叠成，为了减少铁心内部的磁滞损耗和涡流损耗，硅钢片彼此间电气绝缘。铁心由铁心柱和铁轭两部分构成，套装绕组的部分叫铁心柱，连接铁心柱形成闭合磁路的部分叫铁轭。铁心包围绕组的变压器称为壳式变压器，如图1—1—2所示，这类变压器的机械强度好，铁心易散热。

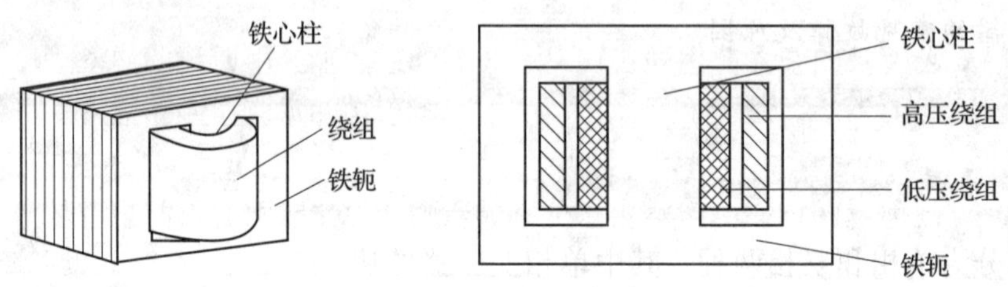

图 1—1—2　单相壳式变压器

铁心叠片的形式根据变压器容量大小有所不同，小型变压器为了简化工艺和减小气隙，常采用E字形、F字形或C字形硅钢片交替叠压而成，如图1—1—3所示。

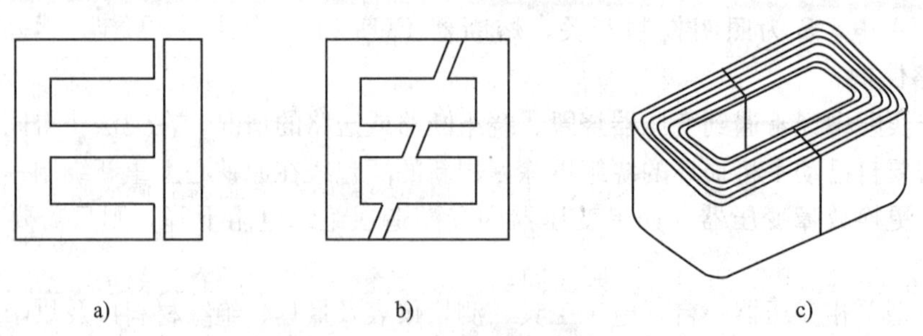

图 1—1—3　小型变压器铁心的硅钢片

a）E字形　b）F字形　c）C字形

2. 绕组

绕组是变压器的电路部分，由漆包线绕制而成。其高压绕组必须置于外层，低压绕组置于里层，以增加高压绕组与铁心之间的安全距离，如图 1—1—2 所示。

二、单相变压器的工作原理

与电源相连的绕组称为一次绕组，或称为原边（匝数用 N_1表示）；与负载相连的绕组称为二次绕组，或称为副边（匝数用 N_2表示）。根据二次绕组是否连接负载，变压器可分为空载运行和负载运行。为了分析方便，忽略绕组直流电阻、铁心损耗和漏磁通、磁饱和的变压器称为理想变压器。

1. 变压器空载运行

变压器空载运行是指变压器一次绕组接电源，二次绕组不接负载的状态。当一次绕组与交流电源 u_1接通时便有电流 i_0流过一次绕组，在铁心中产生主磁通 Φ_m，从而在一次绕组、二次绕组中分别产生感应电动势 e_1和 e_2，如图 1—1—4 所示。u_1与 i_0的参考方向一致，i_0、e_1、e_2的参考方向与 Φ_m的参考方向之间符合右手螺旋法则。

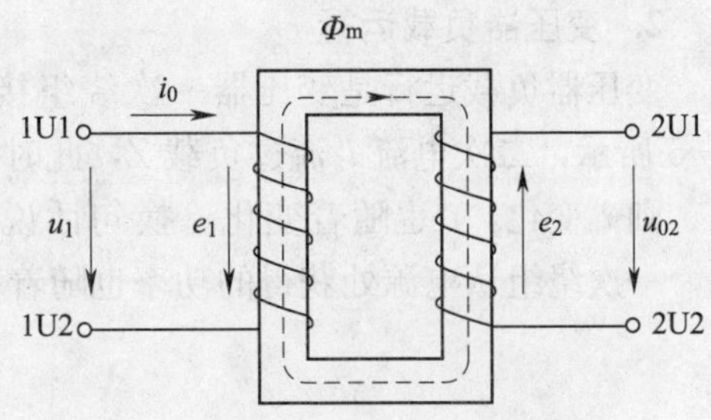

图 1—1—4　理想变压器空载运行

（1）空载电流 i_0。变压器空载运行时流过一次绕组的电流称为空载电流，理想变压器的空载电流主要产生铁心中的磁通，所以空载电流也称为空载励磁电流。

（2）电压和感应电动势的关系。因为理想变压器不考虑绕组的直流电阻和铁心的损耗，所以一次绕组的电压平衡方程式为

$$\dot{U}_1 = -\dot{E}_1 \tag{1—1—1}$$

式（1—1—1）说明一次绕组中的感应电动势大小等于电源电压大小，即 $U_1=E_1$；在相位上，$\dot{E}_1$ 与 $\dot{U}_1$ 反相位，$\dot{E}_1$ 也称为反电动势。

二次绕组的电压为 U_{02}，由于二次绕组空载时无电流输出，所以二次绕组的电压平衡方程式为

$$\dot{U}_{02} = \dot{E}_2 \tag{1—1—2}$$

式（1—1—2）说明二次绕组输出电压大小等于感应电动势大小，即 $U_{02}=E_2$；并且 $\dot{U}_{02}$ 与 $\dot{E}_2$ 同相位。

（3）感应电动势的大小。根据电磁感应定律 $e=-N\dfrac{\Delta\Phi}{\Delta t}$可推导出变压器一次绕组、二次绕组中感应电动势大小分别为

$$\begin{aligned} E_1 &= 4.44 f N_1 \Phi_m \\ E_2 &= 4.44 f N_2 \Phi_m \end{aligned} \tag{1—1—3}$$

式中　E——感应电动势有效值，V；

f——电源频率，Hz；

Φ_m——主磁通幅值，Wb。

式（1—1—3）表示感应电动势的大小与电源频率 f、绕组匝数 N 及铁心中的主磁通幅值 Φ_m 成正比。由于一次绕组匝数与变压器的主磁通关联，所以不能随意减少一次绕组匝数，否则在维持主磁通基本不变的情况下，一次绕组励磁电流必然增大，可能烧坏变压器。

（4）电压比 K。电压比的定义是变压器一次电压与二次电压之比，因为 $U_1 = E_1 = 4.44fN_1\Phi_m$，$U_{02} = E_2 = 4.44fN_2\Phi_m$，所以

$$K = \frac{U_1}{U_{02}} = \frac{N_1}{N_2} \qquad (1—1—4)$$

式（1—1—4）说明绕组的电压与匝数成正比，在一次绕组匝数不变的情况下，只要改变二次绕组的匝数就能改变输出电压的数值，这就是变压器的变压原理。

2. 变压器负载运行

变压器负载运行是变压器一次绕组接电源，二次绕组接负载 Z 的工作状态，如图 1—1—5 所示，二次电流 i_2 流过负载 Z，此时一次电流从空载电流 i_0 增加到 i_1。如果负载阻抗变化，则 i_2 变化，i_1 也随着变化。换句话说，变压器二次绕组所消耗的功率增加（或减少）时，一次绕组从电源处获得的功率也随着增加（或减少）。

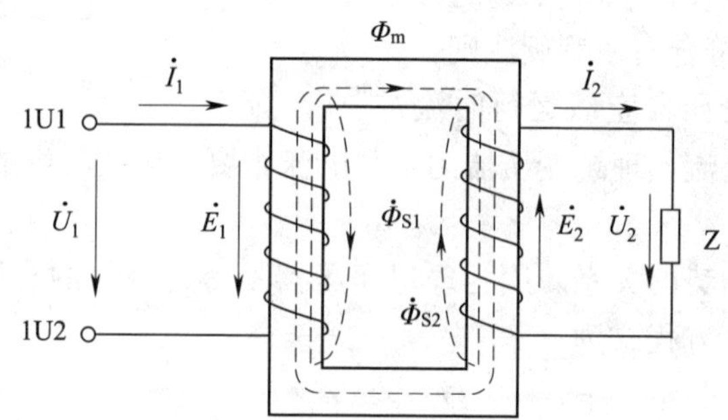

图 1—1—5　变压器负载运行

对于理想变压器来说，一次绕组与二次绕组的视在功率相等，即

$$S_1 = S_2$$

$$U_1I_1 = U_2I_2$$

$$\frac{I_1}{I_2} = \frac{U_2}{U_1} = \frac{N_2}{N_1} = \frac{1}{K} \qquad (1—1—5)$$

式（1—1—5）说明变压器也具有改变电流的作用，其一次与二次电流有效值之比等于电压比的倒数。在功率一定时，绕组电流与绕组电压成反比。

三、单相变压器的额定值

1. 额定电压 U_{1N}/U_{2N}

U_{1N} 是指变压器一次绕组的额定电压；U_{2N} 是指一次绕组加额定电压时，二次绕组的开路电压，即 U_{02}，单位为 V。使用变压器时电源电压不得超出额定电压 U_{1N}。

2. 额定电流 I_{1N}/I_{2N}

I_{1N}/I_{2N} 分别指变压器一次、二次绕组连续运行时所允许通过的电流，即在规定的环境

温度和冷却条件下允许的满载电流值，单位为 A。

3. 额定容量 S_N

S_N是指变压器的视在功率，表示变压器在额定条件下的最大输出功率，其大小与变压器的额定电压和额定电流有关，也受到环境温度、冷却条件的影响。单相变压器额定容量 $S_N=U_{2N}I_{2N}$，单位为 V·A。

4. 额定频率 f_N

f_N是指变压器的电源频率，我国规定额定频率为 50 Hz。

对于常用单相变压器，其一次电压多为 220 V（家用电器）或 380 V（工厂电器），二次电压多为 9 V～36 V，称为降压变压器。有的进口设备要求电源电压为 110 V，可使用 220 V/110 V 的降压变压器。对于降压变压器来说，其一次电流小，二次电流大，所以一次绕组线径较细，二次绕组线径较粗，可依此来分辨一、二次绕组。

四、变压器的常见故障及原因

1. 变压器烧毁故障

引起变压器烧毁故障的原因大多是电源电压超过变压器的额定值，如将 220 V/36 V 的安全照明变压器误接入 380 V 电源，使变压器过电流或绕组匝间打火。或将小功率变压器接入大负载，如额定容量为 50 V·A 的变压器接入 100 W 的白炽灯负载，引起变压器电流过载。变压器散热条件不良时也会造成变压器过热烧毁。

2. 变压器绕组断路故障

引起变压器绕组断路故障的原因有绕组引出线接线不良、受到机械损伤等。有的家电产品中电源变压器内置热保护电阻，当变压器过热时会自动熔断。

3. 变压器绕组短路故障

引起变压器绕组短路故障的主要原因是绝缘下降，高压打火等。

4. 变压器绕组绝缘电阻下降故障

变压器绕组的绝缘电阻一般情况下应很大（达几十兆欧以上，大于 1 MΩ 才算合格）。受潮是引起绝缘电阻下降故障的主要原因，其次变压器过电流、过热后造成绝缘漆碳化也会使绝缘电阻下降。

任务实施

一、准备工作

1. 工具

电工工具 1 套（验电笔、一字和十字旋具、钢丝钳、尖嘴钳、斜口钳、剥线钳等），绕线机 1 台，木锤等其他专用工具。

2. 仪表与量具

MF30 型万用表、5050 型兆欧表、千分尺、钢直尺。

3. 设备与器材

小型单相变压器 1 台，烘干配套设备 1 套，白炽灯 1 盏，开关 1 只，熔断器 2 个，控制电路板 1 块。熔断器的选择应满足负载电流。要求白炽灯的额定电压与变压器的二次电压相等，额定功率略小于变压器的容量。例如，若选择 220 V/36 V/50 V·A 的照明变压器，则负载选择 1 盏 36 V/40 W 的白炽灯。

与一次绕组、二次绕组相同线径的漆包线和引出线。层间绝缘使用厚度为 0.08 mm 的牛皮纸若干，线包外层绝缘使用厚度为 0.25 mm 的青壳纸若干，1032 绝缘清漆若干。

二、操作步骤和要领

1. 小型单相变压器铁心和绕组的拆卸

以小型电源变压器为例，拆卸步骤及说明见表 1—1—1。

表 1—1—1　　单相变压器的拆卸

步骤	图示	说明
外壳拆卸		用一字旋具将小型变压器卡住底板的四个卡脚撬起
	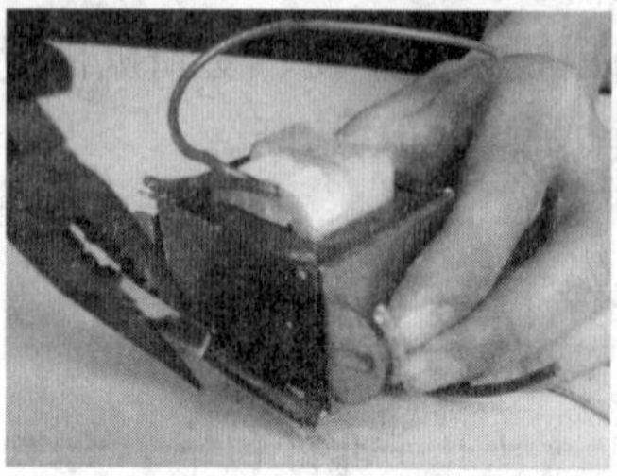	取出外壳底板
		将整个外壳拆卸下来，并取出铁心
	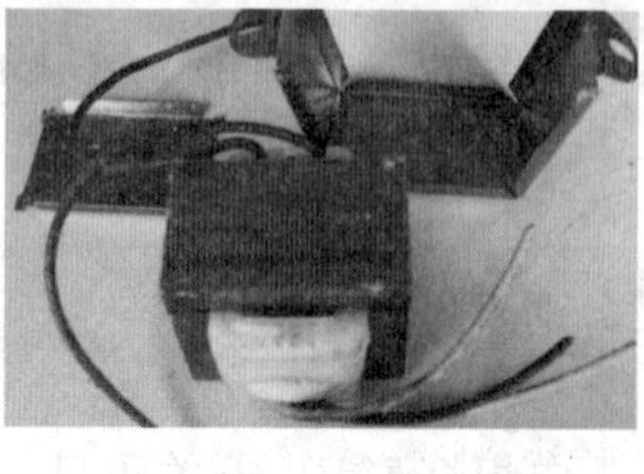	拆卸后情况

续表

步骤	图示	说明
铁心起拆	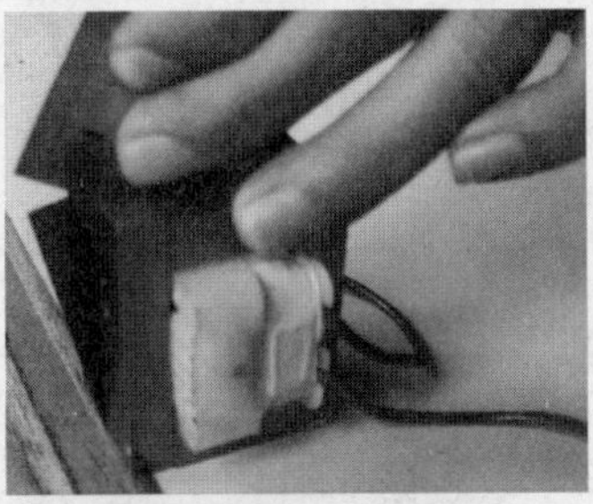	将变压器置于烘箱，在 80～100℃的温度下烘烤 2 h 左右，使绝缘漆软化，减小绝缘漆黏合力，并用锯条或刀片清除铁心表面的绝缘漆膜。在变压器下方垫一木块，外边缘留几片不垫在木块上，在上方用薄铁片对准最外面一层硅钢片的舌片
	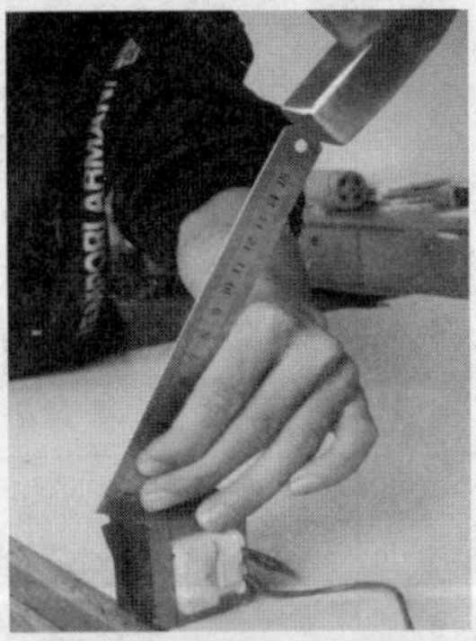	用锤子轻轻敲薄铁片，将硅钢片先冲出几片来
	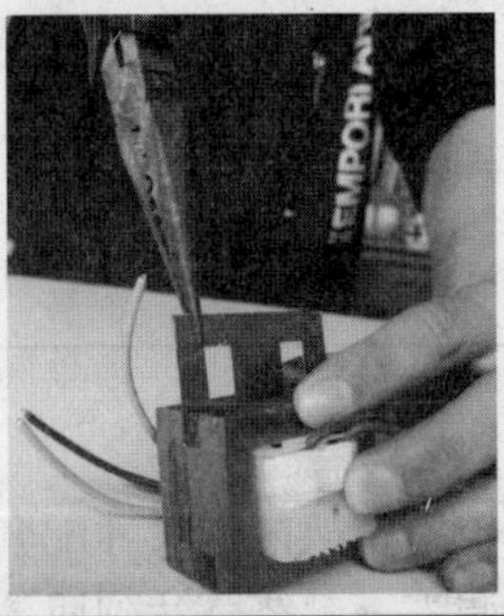	将冲出的硅钢片沿两侧摇动，使硅钢片松动，同时将硅钢片边摇动边往上提，直到该片硅钢片取出为止
		重复上述两个过程，逐步取出最外面插得较紧的硅钢片，外层硅钢片取出后，铁心已松动，其余部分可直接取出
绕组起拆和绕组线径测量		为了便于记录原绕组的匝数，将待拆绕组连同骨架与绕制线圈方向相反的方向安装在绕线机上

续表

步骤	图示	说明
绕组起拆和绕组线径测量		将绕线机的计数转盘调零
		用手拉动线圈的线头并将拉出来的线绕在另一空骨架上。在骨架的拖动下，绕线机也被动转动，同时带动计数转盘计数。用此种方法分别将一次绕组和二次绕组拆卸下来，并记录一次绕组和二次绕组的匝数
	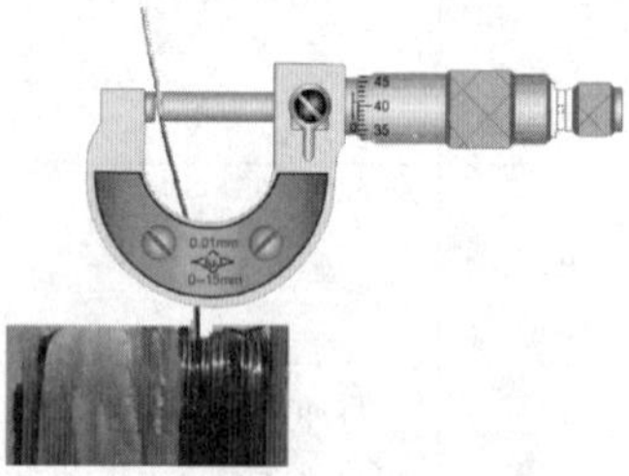	用千分尺分别测出一次绕组和二次绕组的线径并做记录

2. 变压器的组装与变压器绝缘的恢复

(1) 绕组制作。利用原变压器骨架，制作一个与骨架内径尺寸配套的芯子。绕组制作步骤为：在绕线机上固定芯子及原骨架→记数转盘调零→起绕→达到匝数→固定线尾→处理引出线→外层绝缘。

(2) 硅钢片安装。安装硅钢片的步骤及说明见表 1—1—2。

表 1—1—2　　硅钢片的安装

步骤	图示	说明
硅钢片安装准备	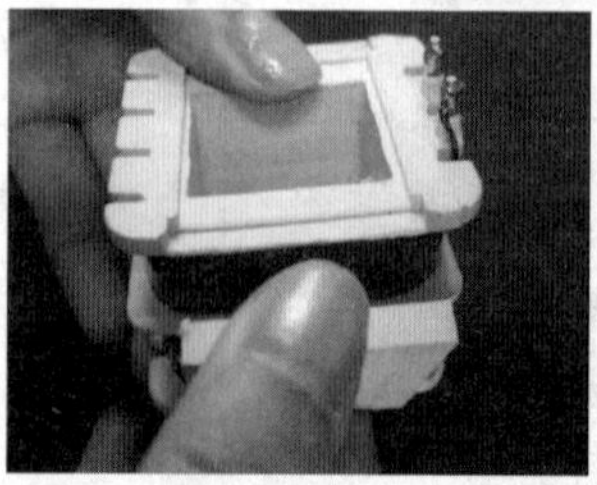	硅钢片安装前先将夹板装上

续表

步骤	图示	说明
硅钢片安装开始		硅钢片安装时镶片应从线包两边两片两片地交叉对镶
硅钢片安装完成		当余下最后几片硅钢片时，比较难镶，俗称紧片。紧片需用旋具撬开两片硅钢片的夹缝才能插进，同时用木锤轻轻敲入，切不可硬将硅钢片插入，以免损伤骨架和线包

(3) 绝缘处理。将线包用导线扎好，放在烘箱内加温到70～80℃，预热3～5 h后取出，立即浸入1032绝缘清漆中约0.5 h，将其取出在通风处风干，然后在80℃烘箱内烘8 h左右即可。至此，整个小型变压器组装结束。

3. 单相变压器的测试

参考图1—1—1，将变压器、开关、白炽灯、熔断器等设备与元件固定在控制板上。

(1) 测试变压器绕组的绝缘电阻。用兆欧表分别测量并记录一次、二次绕组之间以及绕组与铁心（外壳）之间的绝缘电阻值，正常阻值应达几十兆欧以上。若阻值较小，应重新做绝缘处理。

(2) 测试变压器绕组的直流电阻。用万用表电阻挡R×1量程分别测量并记录一次、二次绕组的直流电阻值，通常阻值为几欧～几十欧。对于降压变压器，一次绕组的直流电阻值应大于二次绕组。若阻值接近无穷大，说明绕组内部断路；若阻值明显低于正常值，可能是绕组内部短路。

(3) 测试变压器的空载电压。测试电路参考图1—1—1，当开关S分断时，测试变压器的空载电压。根据待测试变压器的额定电压U_{1N}（家电产品中电源变压器通常是220 V，工业安全照明变压器有220 V和380 V两种）连接相应的交流电源，用万用表交流电压挡500 V量程测量并记录电源电压值（即一次电压值）。用与二次电压相适应的量程测量并记录二次电压值，二次绕组的空载电压允许误差为±5%。

(4) 测试变压器的负载电压。测试电路参考图1—1—1，当开关S接通时，测试变压器的负载电压。当一次电压为额定值时，测量并记录二次绕组的负载电压值。加负载后，负载电压比空载电压略有下降，负载电压允许误差为±5%。

将上述测试数据记录在表 1—1—3 中。

表 1—1—3　　　　测试数据记录

测试项目	测试值	测试项目	测试值
一次绕组线径（mm）		一、二次绕组间绝缘电阻	
二次绕组线径（mm）		一次绕组与铁心间绝缘电阻	
硅钢片厚度（mm）		二次绕组与铁心间绝缘电阻	
一次绕组匝数		一次绕组直流电阻	
二次绕组匝数		二次绕组直流电阻	
一次电压（V）		二次绕组空载电压（V）	
		二次绕组负载电压（V）	

任务评价

评分标准

序号	项目内容	评分标准	配分	得分
1	准备工作	（1）未将所需工具、仪表和设备与器材准备好，每少1件扣2分 （2）选用绝缘材料时，选用错误扣4分	10	
2	单相变压器拆卸	（1）外壳拆卸方法和步骤不正确，每次扣2分 （2）铁心拆卸方法和步骤不正确，每次扣2分 （3）绕组拆卸方法和步骤不正确，每次扣2分 （4）绕组线径测量不正确，每次扣4分	20	
3	绕组制作	（1）计数转盘调零方法和步骤不正确，扣4分 （2）起绕方法和步骤不正确，扣4分 （3）引出线的处理方法和步骤不正确，扣4分 （4）外层绝缘处理方法和步骤不正确，扣4分	20	
4	硅钢片安装	硅钢片安装方法和步骤不正确，每处扣5分	10	
5	绝缘处理	（1）绝缘处理准备不充分，扣2分 （2）变压器器身加热方法和步骤不正确，扣3分 （3）浸漆工艺和步骤不正确，扣2分 （4）绝缘风干或烘干工艺和步骤不正确，扣3分	15	
6	单相变压器测试	（1）控制电路板接线有误，扣3分 （2）选择仪表挡位、量程错误，扣3分 （3）一、二次绕组间绝缘电阻测试错误，扣3分 （4）绕组与铁心间绝缘电阻测试错误，扣3分 （5）一、二次绕组直流电阻测试错误，扣3分 （6）电压测试错误，扣4分	20	

续表

序号	项目内容	评分标准		配分	得分
7	数据记录	数据记录不完整扣 1～5 分		5	
8	安全文明生产	(1) 违反安全文明生产规程，扣 5～40 分 (2) 发生人身和设备安全事故，不及格			
9	定额时间	4 h，超时扣 5 分			
10	备注		合计	100	

思考与练习

1. 变压器的基本结构有哪些?
2. 变压器可以变流吗? 为什么降压变压器二次绕组的线径比一次绕组粗?
3. 通常测试变压器的哪些参数?
4. 变压器常见故障有哪些?
5. 变压器的空载电压与负载电压有什么不同?

任务 2　互感器的使用

◆ 技能点

◎ 电流互感器的连接与测试方法

◎ 电压互感器的连接与测试方法

◆ 知识点

◎ 电流互感器

◎ 电压互感器

◎ 电流互感器和电压互感器的特点比较

任务提出

在交流供电系统中运行的是高电压和大电流，为了监视系统运行和记录用电量，需要测量电压和电流参数值。但如果直接使用电压表和电流表进行测量，不仅操作起来很危险，而且由于被测数值相差巨大，比如电流大小范围可从几安培到上万安培，所需要的仪表规格将很繁多。因此在实际生产中并不采取直接测量电压和电流的方法，而是通过互感器按一定比例降低为标准值后间接测量。本任务要求通过互感器测试单相交流电压和较大功率负载的电流。

任务分析

已准备好电压互感器和电流互感器各 1 台，与互感器配套的电压表和电流表各 1 块，负载为电炉。互感器虽然是一种特殊的变压器，但其构造及工作原理与普通单相变压器相似。要完成本任务，必须掌握互感器的特点、工作原理及使用方法，能根据电路参数选择合适的互感器和配套的仪表。其连线方式也与单相变压器相似，即一次绕组接电源，二次绕组接测量仪表。由于互感器一次绕组连接的是高电压和大电流，因此在操作过程中必须严格遵守电工实习操作规则。

相关知识

电压互感器的作用是将高电压测量变成标准低电压测量，电流互感器的作用是将大电流测量变成标准小电流测量。利用互感器不仅使测量仪表与高电压、大电流隔离，从而保证仪表和人身的安全，而且可用同一规格的仪表测量各种大小不同的数值，大大简化了测量仪表的规格。

一、电流互感器

1. 电流互感器的工作原理

电流互感器在结构上与普通单相变压器相似，也有铁心和一次绕组、二次绕组，但它的一次绕组匝数只有一匝或几匝，导线横截面较大，串联在被测电路中。二次绕组匝数很多，导线横截面很小，与电流表串联构成闭合回路。电流互感器的外形和测量电路如图 1—2—1 所示，图中单根绝缘导线从互感器孔中穿过，相当于一次绕组只有 1 匝。在测量高压线路电流时，由于两个绕组之间电隔离，尽管一次电压很高，但二次电压很低，操作人员和仪表都很安全。

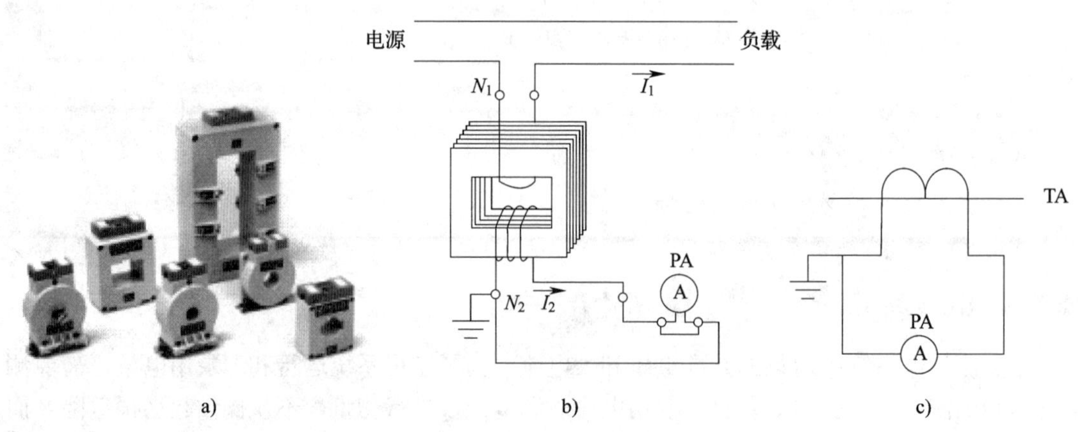

图 1—2—1　电流互感器

a）外形图　b）接线图　c）符号图

电流互感器最主要的参数是电流比。电流互感器额定一次电流 I_{1N} 与额定二次电流 I_{2N} 之比称为额定电流比，用 K_I 表示，即

$$K_I = I_{1N}/I_{2N}$$

电流互感器额定一次电流标准值为：10 A，12.5 A，15 A，20 A，25 A，30 A，40 A，50 A，60 A，75 A 以及它们的十进位倍数或小数。有下标线者为优先值。

额定二次电流标准值为 1 A 和 5 A 两种。使用 5 A 的通用电流表与配套的电流互感器，就可以测量小至几安培、大至几万安培的电流。

如果电流互感器的铭牌上标注额定电流比为 100/5，那么不仅说明二次电流乘上电流比（20 倍）就等于一次电流，而且说明互感器的额定一次电流为 100 A，额定二次电流为 5 A。所以电流比 100/5 不能写成 20/1，因为 20/1 说明额定一次电流为 20 A，额定二次电流为 1 A，与 100/5 比值虽同但实际意义不同。

由于电流表实际上测量的是电流互感器二次绕组的电流，为了读数方便，与互感器配套的电流表都直接按一次绕组的电流来刻度，同时在电流表上注明要用相应电流比的互感器。

［例 1—2—1］　设线路上的负载电流约为 90 A，应该怎样测量？

答：电流互感器额定一次电流标准值大于 90 A 的为 100 A，因此选用 100/5 的电流互感器和刻度为 100 A 的电流表，这个电流表上标明应配套使用 100/5 的电流互感器，按图 1—2—1 接线就可由电流表的指示直接读出线路上的负载电流。

［例 1—2—2］　在例 1—2—1 中，如果使用 100/5 的电流互感器和刻度为 5 A 通用电流表进行测量，指针读数为 3.6 A，问线路上的负载电流有多大？

答：设线路上的负载电流为 I_1，则 $I_1 = K_I I_2 =$（100/5）×3.6=72 A。

［例 1—2—3］　在例 1—2—1 中，如果线路上的负载电流为 80 A，问实际流过电流表的电流有多大？

答：设流过电流表的电流为 I_2，则 $I_2 = I_1/K_I = 80/$（100/5）=4 A。

尽管电流互感器一次绕组的匝数很少，但其中流过很大的负载电流 I_1，因此磁路中的磁通很大。所以使用电流互感器时二次绕组绝对不得开路，否则二次绕组会产生过高的电压而危及操作人员的安全，因此，二次回路中不允许接开关或熔断器。为了安全起见，电流互感器的铁心和二次绕组的一端必须接地。

2. 电流互感器的型号（见图 1—2—2）

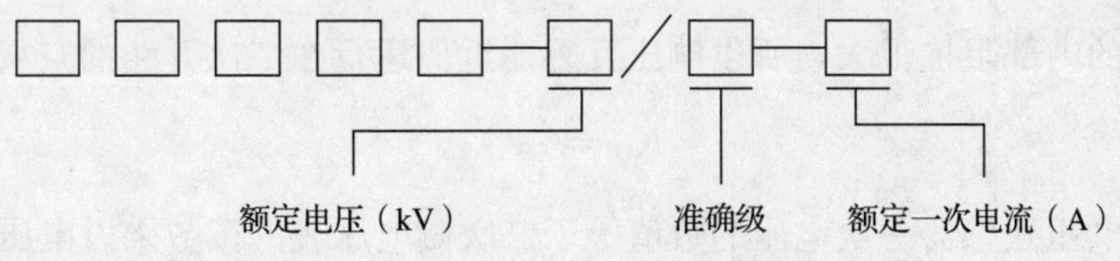

图 1—2—2　电流互感器的型号

左起第一位字母 L 表示电流互感器。

第二位字母：D 表示贯穿单匝式，F 表示贯穿复匝式，M 表示母线式，Q 表示绕组式，C 表示瓷箱式。

第三位字母：Z 表示浇注绝缘，C 表示瓷绝缘，W 表示户外装置，K 表示塑料外壳式。

第四位字母：D 表示差动保护，J 表示接地保护或加大容量。

第五位数字表示设计序号。

例如，LFC—10/0.5—300 表示额定电压等级为 10 kV 的贯穿复匝（即多匝）式瓷绝缘的电流互感器，准确级为 0.5 级，额定一次电流为 300 A。

在选择电流互感器时，必须符合额定电压，额定一次电流应选择相近的或稍大一些。

3. 电流互感器的选用

可按铭牌上标注的额定电流、准确级、电压等级等项选用。

（1）测量用电流互感器的标准准确级有 0.1，0.2，0.5，1.0，3.0 和 5.0 六级。例如 0.5 级表示在额定电流下，误差最大不超过±0.5%，等级数字越大，误差越大。

（2）电流互感器额定电压等级可分为 0.5 kV，10 kV，15 kV，35 kV 等。低电压测量均使用 0.5 kV。

二、电压互感器

1. 电压互感器的工作原理

电压互感器的结构和普通降压变压器一样，但它的电压比更准确。电压互感器的一次侧接高电压，二次侧接电压表。电压互感器的外形与测量电路如图 1—2—3 所示。

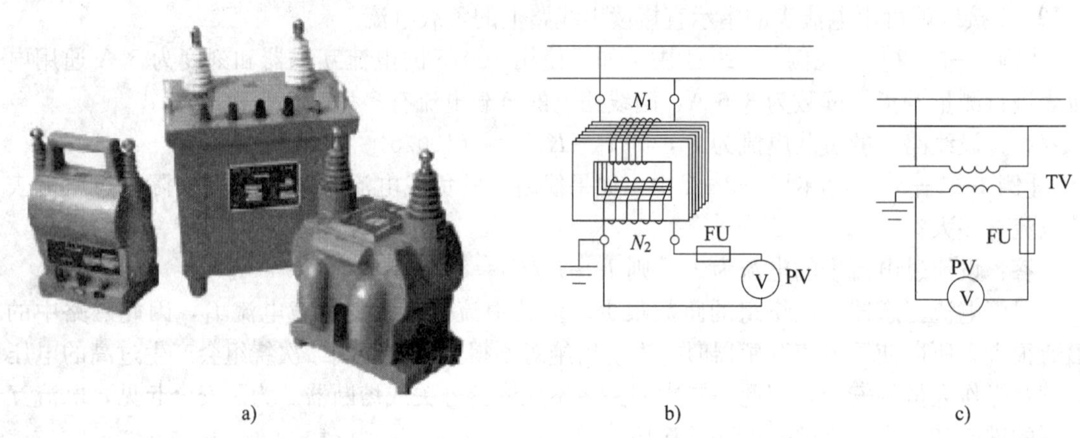

图 1—2—3 电压互感器

a）外形图 b）接线图 c）符号图

由于电压表的内部阻抗很大，所以电压互感器近似运行在二次开路的空载状态，即

$$K_U = \frac{U_1}{U_2}$$

由此可知，电压互感器一次电压的数值等于二次侧电压表的读数乘以电压互感器的额定电压比 K_U。电压互感器二次侧所接的电压表刻度实际上已经被放大了 K_U 倍，按图 1—2—3 接线可以直接读出一次侧的被测数值。

2. 电压互感器的型号（见图 1—2—4）

左起第一位字母 J 表示电压互感器。

第二位字母：D 表示单相，S 表示三相，C 表示串级式。

第三位字母：J 表示油浸式，G 表示干式，Z 表示浇注绝缘式。

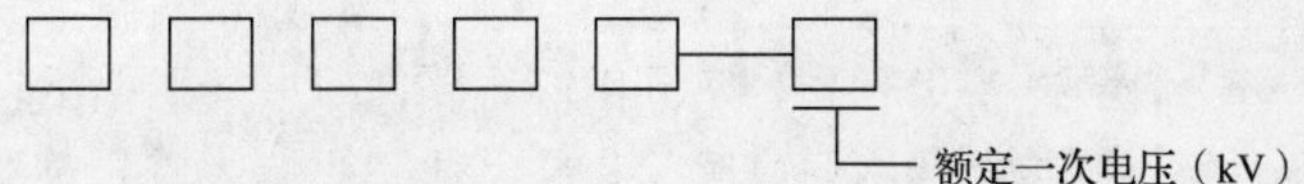

图 1—2—4 电压互感器的型号

第四位字母：J 表示接地保护。

第五位数字表示设计序号。

例如，JDG—0.5 型表示单相干式电压互感器，额定一次电压为 500 V。

测量用电压互感器的标准准确级分 0.1，0.2，0.5，1.0，3.0 五级，0.1 级和 0.2 级一般用于试验室的精密测量或电表校验使用，0.5 级和 1.0 级一般用于发配电设备的测量和保护，3.0 级一般用于非精密测量。

3. 电压互感器的选用

电压互感器的选用与电流互感器的选用类同，电压互感器额定二次电压为 100 V，额定一次电压为电力系统规定的电压等级。

［**例 1—2—4**］ 设交流电压约为 10 kV，应该怎样测量？

答：选用 10 kV 的电压互感器和刻度为 10 kV 的交流电压表，这个电压表上标明应配套使用 10 000/100 的电压互感器，按图 1—2—3 接线就可由电压表的指示直接读出电压值。

三、电流互感器和电压互感器的特点比较（见表 1—2—1）

表 1—2—1 **电流互感器和电压互感器的特点比较**

比较内容	电流互感器	电压互感器
二次侧	运行中二次侧不得开路，否则会产生高压，危及仪表和人身安全。因此二次侧不应接熔断器和开关；运行中如要拆下电流表，必须先将二次侧短路	运行中二次侧不能短路，否则会烧坏绕组。为此，二次侧要装熔断器作为短路保护
接地	铁心和二次绕组一端要可靠接地，以免在绝缘破坏时带电而危及仪表和人身安全	铁心和二次绕组一端要可靠接地，以免在绝缘破坏时带电而危及仪表和人身安全
连接方法	一次、二次绕组有“＋”“－”或“＊”的同名端标记，二次侧接功率表或电能表的电流线圈时，极性不能接错	二次绕组接功率表或电能表的电压线圈时，极性不能接错
负荷	二次侧负荷阻抗大小会影响测量准确度，负荷阻抗值应小于互感器要求的阻抗值，使互感器尽量工作在短路状态。并且所用的互感器的准确级应比所接的仪表准确度高两级，以保证测量准确度	准确度与二次侧的负荷大小有关，负载越大，即接的仪表越多，二次电流就越大，误差也越大。为了保证测量准确度，电压互感器的准确级应比所接的仪表准确度高两级

任务实施

一、准备工作

1. 工具

电工工具 1 套（验电笔、一字和十字旋具、钢丝钳、尖嘴钳、斜口钳、剥线钳等）。

2. 仪表

（1）与电流互感器配套的交流电流表 1 块（指针满刻度 10 A）。

（2）与电压互感器配套的交流电压表 1 块（指针满刻度 500 V）。

使用与互感器配套的电压表和电流表可以直接读出测量值，比较方便。如果使用 5 A 通用电流表和 100 V 通用电压表，则测试结果需要换算。

3. 设备与器材

（1）单相电源 220 V，1 kW 电炉 1 个。

（2）电流互感器 1 个，电压等级 0.5 kV，额定电流比 10/5。

（3）电压互感器 1 个，电压等级 0.5 kV，额定电压比 500/100。

二、操作步骤与要领

（1）识读并记录互感器的型号、电压等级和变比，检查互感器的外观质量。

（2）参考图 1—2—1 和图 1—2—3，分别绘出电流互感器和电压互感器的测量接线图。

（3）根据测量接线图进行接线。

（4）闭合电源开关，使电炉通电，直接读出一次电压和电流数值并记录；如果使用通用电压表和电流表，则换算出一次电压和电流数值。

将上述测试数据记录在表 1—2—2 中。

表 1—2—2　　测试数据记录

测试项目	型号	电压等级	变比	测试值
电流互感器				
电压互感器				

任务评价

评 分 标 准

序号	项目内容	评分标准	配分	得分
1	准备工作	（1）未将所需工具、仪表和设备与器材准备好，每少 1 件扣 3 分 （2）未采用安全保护措施，扣 3 分 （3）未绘制接线图，扣 5 分	15	
2	互感器识读	（1）分不清互感器的类型，扣 10 分 （2）找不出一次绕组的，扣 5 分 （3）找不出二次绕组的，扣 5 分	25	

续表

序号	项目内容	评分标准		配分	得分
3	互感器连接	(1) 测量电路连接不正确，扣10分 (2) 电流互感器接线不正确，扣10分 (3) 电压互感器接线不正确，扣10分 (4) 电流表接线不正确，扣5分 (5) 电压表接线不正确，扣5分		40	
4	互感器测试	(1) 电流互感器读数不正确，扣3分 (2) 电压互感器读数不正确，扣3分		15	
5	数据记录	数据记录不完整扣1～5分		5	
6	安全文明生产	(1) 违反安全文明生产规程，扣5～40分 (2) 发生人身和设备安全事故，不及格			
7	定额时间	2 h，超时扣5分			
8	备注		合计	100	

思考与练习

1. 电流互感器的作用是什么？其额定二次电流值是多少？
2. 电压互感器的作用是什么？其额定二次电压值是多少？
3. 电流互感器工作在什么状态？电流互感器为什么严禁二次侧开路？
4. 电压互感器工作在什么状态？电压互感器为什么要防止二次侧短路？
5. 设线路上的负载电流约为80 A，应该怎样测量？
6. 设线路电压为10 kV，如何使用电压互感器进行测量？

任务3　三相变压器的使用与检测

◆ **技能点**

◎ 三相变压器一次、二次绕组首尾端的判别

◎ 按规定的联结组别连接三相变压器的绕组

◎ 三相变压器一次、二次电压的测量

◆ **知识点**

◎ 三相变压器的结构

◎ 三相变压器的铭牌

◎ 三相变压器绕组的连接

◎ 三相变压器的联结组别

◎ 三相变压器常见故障的检查与处理

任务提出

现代电力系统普遍依靠三相变压器进行高压输电和低压配电，例如在低压供电系统中广泛使用10 kV/400 V三相变压器，因此三相变压器工作正常与否直接与企业生产和居民生活密切相关。为了确保变压器安全运行，工作人员既要做好日常维护与测量工作，还要具备一旦发生故障，能够迅速判断故障原因和性质，正确处理和排除故障的能力。

本任务要求对一台未标明端子的三相变压器先进行首尾端判别，然后按要求的联结组别进行连接，最后进行通电测量。如果在任务实施过程中发现变压器存在故障，则需要排除故障。

任务分析

为实施任务准备一台小功率三相变压器，其一次绕组为Y形联结，额定线电压为380 V；二次绕组为yn形联结，额定线电压为62 V，相电压为36 V。完成本任务需要具备三相交流电的知识，懂得线电压与相电压的数量关系和相位关系，能绘出三相电压相量图。通过相关知识学习和掌握三相变压器的结构、铭牌数据和常见故障的判别与处理。在任务实施过程中掌握判别三相绕组首尾端的技能，并按要求的联结组别连接三相变压器，最后对三相变压器一次、二次电压进行测量。由于要测量高电压，在操作过程中必须严格遵守电工实习操作规则。

相关知识

一、三相变压器的结构

三相变压器由三台单相变压器按一定的方式组合而成。三相变压器的铁心如图1—3—1所示，当三相绕组通入三相对称交流电流时，所产生的三相主磁通也是对称的，即每相磁路都以其他两相的铁心柱作为闭合回路。三相变压器有三个一次绕组，分别为1U、1V、1W相；有三个二次绕组，分别为2u、2v、2w相。同相绕组套在同一个铁心柱上。

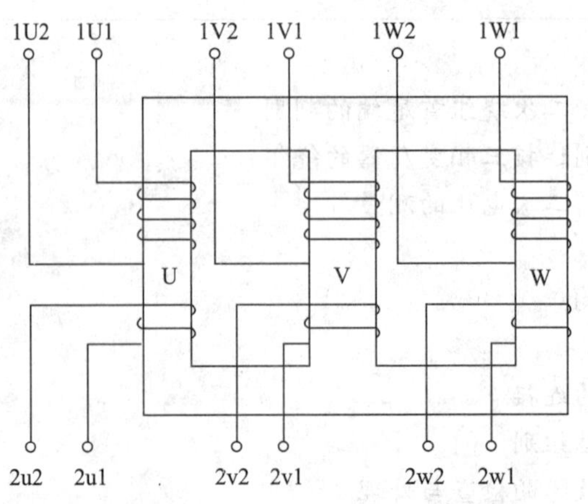

图1—3—1　三相变压器的结构

二、三相变压器的铭牌

铭牌是装在变压器外壳上的金属标牌，上面标有型号、容量、额定值等参数，是用户安全、经济、合理使用变压器的依据。三相变压器的铭牌如图 1—3—2 所示。

三相电力变压器

型　　号　S9—500/10
产品代号　IFATO.710.022
标准代号　GB 1094.1—5—1996
额定容量　500kVA
　　　　　3相 50Hz
额定效率　98.6%

开关位置		电压（V）		电流（A）	
		高压	低压	高压	低压
Ⅰ	+5%	10500	400	28.27	721.7
Ⅱ	额定	10000			
Ⅲ	−5%	9500			

使用条件　户外式　　连接组别　Yyn0　　短路电压　4.4%
冷却方式　ONAN　　额定温升　80℃　　器 身 重　1115kg
油　　重　311kg　　总重量　1779kg　　出厂序号　200201061

××变压器厂　　2002年1月

图 1—3—2　三相电力变压器的铭牌

1. 型号

型号表示变压器的结构特点、额定容量和一次电压等级。例如型号为 S9—500/10，S 表示三相油浸自冷式铜绕组变压器，9 表示设计序号，500 表示额定容量为 500 kV · A，10 表示一次电压等级为 10 kV。型号中各个符号含义如图 1—3—3 所示。

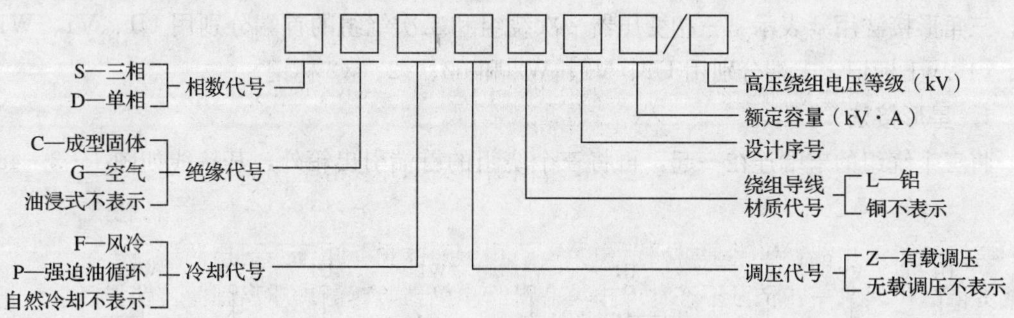

图 1—3—3　三相电力变压器的型号

2. 额定电压 U_{1N} /U_{2N}

在三相变压器中，额定电压是指线电压。U_{1N} 是指变压器一次绕组的额定电压；U_{2N} 是指一次绕组为额定电压时，二次绕组的开路电压。当电网电压误差在±5%以内时，三相变压器可以换接不同的开关位置，以保证二次电压为额定值。图 1—3—2 铭牌所示变压器的额

定电压 U_{1N}/U_{2N} 分别为 10 kV/400 V。

3. 额定电流 I_{1N}/I_{2N}

在三相变压器中，额定电流是指线电流。I_{1N}/I_{2N} 分别指变压器一次、二次绕组连续运行所允许通过的最大电流，即在某种冷却方式和额定温升条件下允许的满载电流值。图 1—3—2 铭牌所示变压器的额定电流 I_{1N}/I_{2N} 分别为 28.27 A/721.7 A。

4. 额定容量 S_N

S_N 是指变压器的视在功率，表示变压器在额定条件下的最大输出功率。其大小与变压器的额定电压 U_{2N} 与额定电流 I_{2N} 有关，三相变压器的额定容量 $S_N=\sqrt{3}U_{2N}I_{2N}$。图 1—3—2 铭牌所示变压器的额定容量为 500 kV·A。

5. 阻抗电压

阻抗电压又称为短路电压，表示在额定电流时变压器阻抗压降的大小。通常用它与额定电压 U_{1N} 的百分比来表示。

6. 额定温升

额定温升是变压器在额定运行状态时允许超过周围环境温度的值，取决于变压器所用绝缘材料的等级。通常周围环境温度设为 40℃。

此外，变压器铭牌上还标有相数 3、频率 50 Hz、额定效率 98.6%、联结组别 Yyn0 等参数。

三、三相变压器绕组的连接

三相变压器一次、二次绕组根据不同需要，可以有星形和三角形两种接法。一次绕组星形接法用 Y 表示，三角形接法用 D 表示。二次绕组星形接法用 y 表示，有中线时用 yn 表示，三角形接法用 d 表示。三相变压器一次绕组和二次绕组的首端分别用 U1、V1、W1 和 u1、v1、w1 标记，末端分别用 U2、V2、W2 和 u2、v2、w2 标记。

1. 星形接法

将三个绕组的末端连在一起，再将三个绕组的首端引出箱外，其接线如图 1—3—4a 所示。

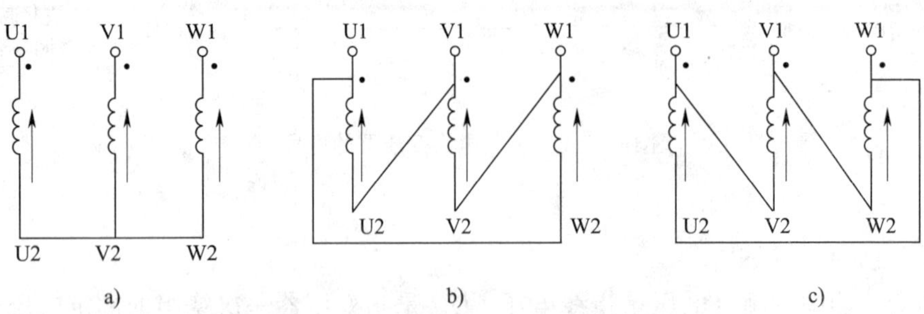

图 1—3—4　三相变压器一次绕组的连接

a）星形联结　b）正相序三角形联结　c）反相序三角形联结

2. 三角形接法

将三个绕组的各相首尾相连构成一个闭合回路，把三个连接点接到电源上去，如图 1—3—4b、c 所示。因为首尾连接的顺序不同，可分为正相序（见图 1—3—4b）和反相序（见图 1—3—4c）两种接法。

四、三相变压器的联结组别

三相变压器一次、二次绕组不同的接法，形成了不同的联结组别，也反映出不同的一次、二次线电压之间的相位关系。以 Yyn0 联结组别的三相变压器为例，说明三相变压器联结组别的判断方法。

如图 1—3—5 所示，同一铁心柱上的两个绕组，不管它们属于哪一相，只要两个首端是同名端，则相电动势同相位；若两个首端是异名端，则相电动势相位相反。根据相电动势的这种关系及三相对称的原理，画出一次绕组和二次绕组各个相电动势相量以及对应的线电动势相量 $\dot{E}_{UV}$ 和 $\dot{E}_{uv}$。由于 $\dot{E}_{UV}$ 和 $\dot{E}_{uv}$ 同相位，根据时钟表示法，当 $\dot{E}_{UV}$ 相量指向时钟 12 点的位置时，$\dot{E}_{uv}$ 相量也指向 12 点的位置，也就是 0 点，即可判定图 1—3—5 中三相变压器的联结组别为 Yyn0。Yyn0 表示一次为星形联结，二次为带中线的星形联结，一次与二次的线电压同相位。变压器输出为三相四线制，适用于同时有动力负载和照明负载的场合。

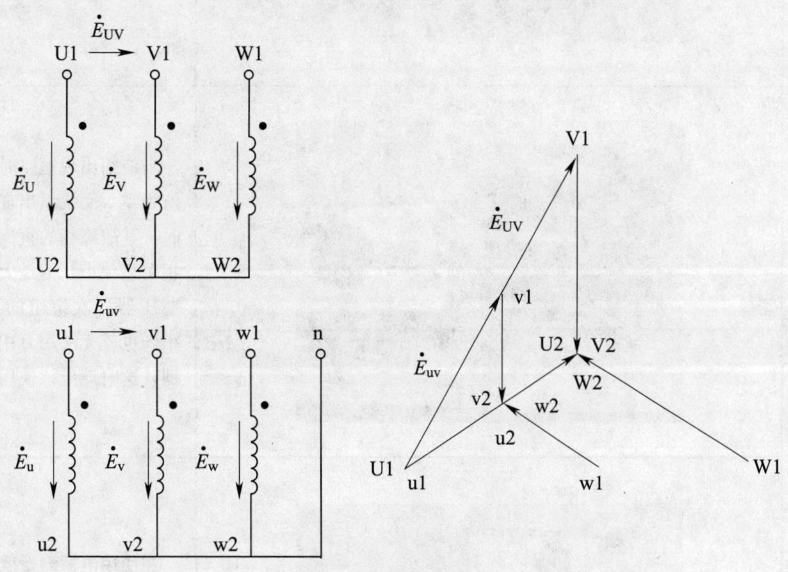

图 1—3—5　Yyn0 联结组别

五、三相变压器常见故障的检查与处理

1. 三相变压器常见故障的检查

以小型三相电源变压器为例，检查步骤及说明见表 1—3—1。

表 1—3—1　　三相变压器的检查

<table>
<tr><th>检查项目</th><th>图示</th><th>说明</th></tr>
<tr><td rowspan="2">绕组
开路
检查</td><td></td><td>通过万用表的电阻挡测量绕组的直流电阻值，看电阻值是否等于无穷大来判断绕组是否开路。图中测量到该相绕组为开路现象</td></tr>
<tr><td></td><td>图中测量到该相绕组直流电阻为 6.1 Ω，该相不存在开路现象</td></tr>
<tr><td rowspan="2">绕组
短路
检查</td><td>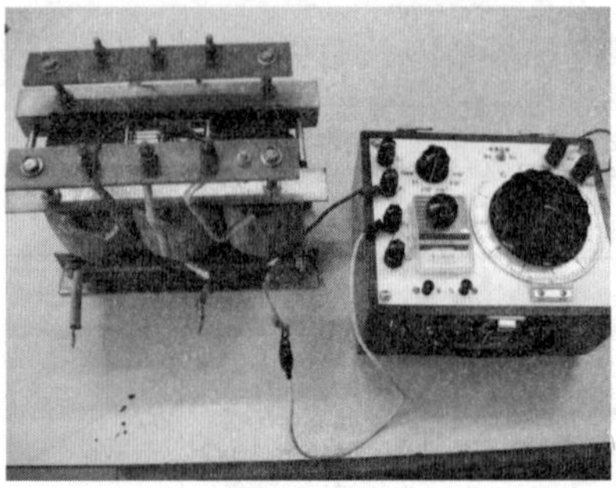</td><td>当绕组出现短路时，其直流电阻值为零，而绕组出现匝间局部短路时，其故障相的直流电阻值比正常相明显偏小，但是大功率变压器或变压器二次绕组的直流电阻也很小，也就无法用万用表进行测量判别，这时就应该使用电桥来测量</td></tr>
<tr><td></td><td>在使用电桥测量变压器绕组直流电阻时应注意测试按钮“B”和“G”的正常使用。因变压器是感性，所以在测量时要先锁定按钮“B”，再按住按钮“G”并旋转平衡旋钮寻找电桥平衡点</td></tr>
</table>

续表

检查项目	图示	说明
绝缘性能检查		使用兆欧表对三相变压器的各相间及各相与外壳间的绝缘电阻进行测量，通过测量所得绝缘电阻值来判断变压器是否有漏电或受潮现象（正常应大于 1 MΩ）

2. 三相变压器常见故障的处理（见表 1—3—2）

表 1—3—2　　三相变压器常见故障的处理

故障种类	故障现象	产生原因	处理方法
绕组匝间或层间短路	（1）变压器异常发热 （2）油温升高 （3）油发出特殊的“咝咝”声 （4）一次电流增大 （5）一次熔断器熔断 （6）气体继电器动作	（1）变压器运行年久，绕组绝缘老化 （2）绕组绝缘受潮 （3）绕组绕制不当，使绝缘局部受损 （4）油道内落入杂物，使油道堵塞，局部过热	（1）更换或修复所损坏的绕组，绝缘衬垫和绝缘套管 （2）进行浸漆和干燥处理 （3）更换或修复绕组
绕组接地或相间短路	（1）一次熔断器熔断 （2）安全气道薄膜破裂、喷油 （3）气体继电器动作 （4）变压器油燃烧 （5）变压器振动	（1）绕组绝缘老化或有破损等严重缺陷 （2）变压器进水，绝缘油严重受潮 （3）油面过低，露出油面的引线绝缘距离不足而击穿 （4）过电压击穿绕组绝缘	（1）更换或修复绕组 （2）更换或处理变压器绝缘油 （3）检修渗、漏油部位，注油至正常位置 （4）更换或修复绕组绝缘，并限制过电压的幅值
绕组变形与断线	（1）变压器发出异常声音 （2）断线相无电流指示	（1）制造装配不良，绕组未压紧 （2）短路电流的电磁力作用 （3）导线焊接不良 （4）雷击造成断线	（1）修复变形部位，必要时更换绕组 （2）拧紧压圈螺钉，紧固松脱的衬垫、撑条 （3）割除熔蚀面重焊新导线 （4）修补绝缘，并作浸漆干燥处理

续表

故障种类	故障现象	产生原因	处理方法
铁心片间绝缘损坏	（1）空载损耗变大 （2）铁心发热、油温升高、油色变深 （3）变压器发出异常声响	（1）硅钢片间绝缘老化 （2）受强烈振动，片间发生位移或摩擦 （3）铁心紧固件松动 （4）铁心接地后发热烧坏片间绝缘	（1）对绝缘损坏的硅钢片重新刷新绝缘漆 （2）紧固铁心夹件 （3）按铁心接地故障处理方法
铁心多点接地或接地不良	（1）一次熔断器熔断 （2）铁心发热、油温升高、油色变黑 （3）气体继电器动作	（1）铁心与穿心螺杆间的绝缘老化 （2）铁心接地片断开 （3）铁心接地片松动	（1）更换穿心螺杆与铁心间的绝缘套管和绝缘衬垫 （2）更换新铁心接地片或将接地片压紧
绝缘套管闪络	（1）一次熔断器熔断 （2）绝缘套管表面有放电痕迹	（1）绝缘套管表面积灰脏污 （2）绝缘套管有裂纹或破损 （3）绝缘套管密封不严，绝缘受损 （4）绝缘套管间掉入杂物	（1）清除绝缘套管表面的积灰和脏污 （2）更换绝缘套管 （3）更换绝缘封垫 （4）清除杂物
分接开关烧损	（1）一次熔断器熔断 （2）油温升高 （3）触头表面产生放电声 （4）变压器油发出“咕嘟”声	（1）动触头弹簧压力不够或过渡电阻损坏 （2）开关配备不良，造成接触不良 （3）绝缘板绝缘性能变劣 （4）变压器油位下降，使分接开关暴露在空气中 （5）分接开关位置错位	（1）更换或修复触头接触面，更换弹簧或过渡电阻 （2）按要求重新装配并进行调整 （3）更换绝缘板 （4）补注变压器油至正常油位
变压器油变劣	油色变暗	（1）变压器故障引起放电造成变压器油分解 （2）变压器油长期受热氧化使油质变劣	对变压器油进行过滤或换新油

任务实施

一、准备工作

1. 工具

电工工具1套（验电笔、一字和十字旋具、钢丝钳、尖嘴钳、斜口钳、剥线钳等）。

2. 仪表

MF30 型万用表、直流电桥、5050 型兆欧表。

3. 设备与器材

三相小功率变压器 1 台，额定电压为 380 V/62 V。电源为三相 380 V，由三相开关控制。1.5 V 干电池 1 个，开关 1 个。

二、操作步骤与要领

1. 三相绕组首尾端的判别

(1) 一次绕组首尾端的判别。一次绕组首尾端的判别步骤及说明见表 1—3—3。

表 1—3—3　　一次绕组首尾端的判别

判别步骤	说明	图示
分相设定标记	首先用万用表电阻挡测量 12 个出线端间通断情况及电阻值大小，找出三相一次绕组。假定标记为 1U1、1V1、1W1、1U2、1V2、1W2	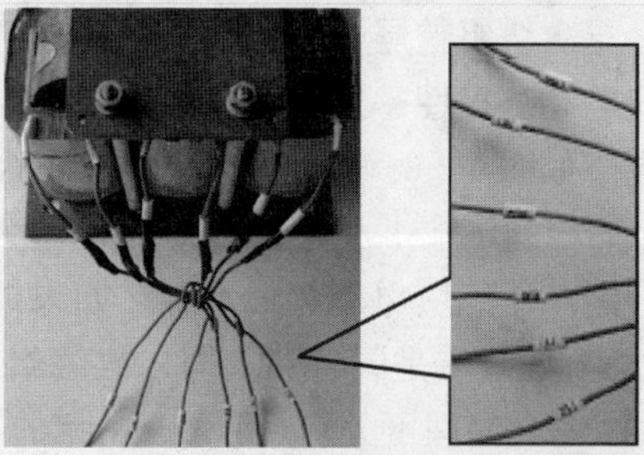
定出 V 相首尾并通过电路判别 U、W 相首尾	将一个 1.5 V 的干电池和开关 SA 接入三相变压器一次绕组任一相（1V1 接干电池的“+”并定为首端，开关的一端接“−”极，1V2 接开关的另一端并定为尾端）；W 相悬空，然后将万用表直流 500 mA 挡来测量 U 相电流的方向，并通过接通开关 SA 瞬间 U 相电流方向来判断其极性。同理判断 W 相首尾端	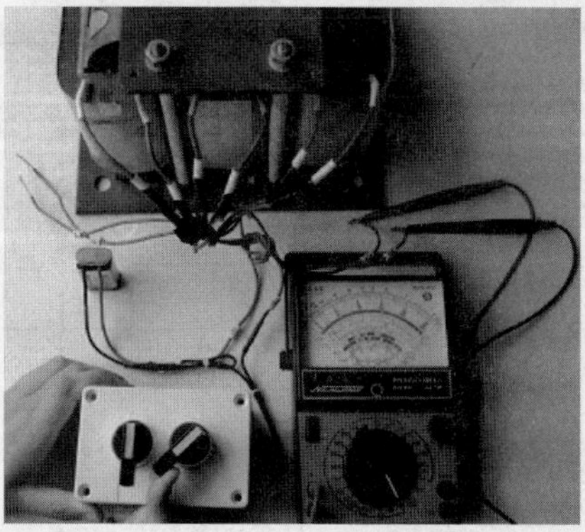
判别方法	如果在合上开关 SA 的瞬间，两表指针正偏，则接在直流电流表“+”端子上的线端是相尾 1U2 和 1W2，接在表“−”端子上的线端是相首 1U1 和 1W1。在合上开关 SA 的瞬间，各相绕组的感应电动势方向如图 1—3—6 所示。如果在合上开关 SA 的瞬间，两表指针反偏，可调换测量表笔后重新判别	

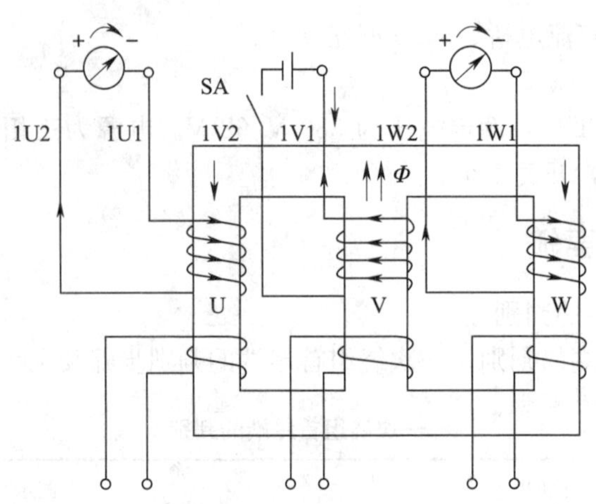

图 1—3—6　直流法判别三相变压器一次绕组首尾端

（2）二次绕组首尾端的判别。一次绕组与二次绕组是在同一磁通作用下产生的感应电动势，感应电动势极性一致的端子称为同名端，同名端用点“•”来表示，同名端即绕组的首端与尾端。如图 1—3—7 所示，电池的正极连接一次绕组 V 相的首端 1V1，负极通过开关 SA 连接 V 相的尾端 1V2，首端 1V1 确定为同名端。在合上开关 SA 的瞬间，在一次、二次绕组中分别产生感应电动势 e_1、e_2，如果此时直流电流表的表针正偏，则接在直流电流表“+”端子上的线端是同名端，即二次绕组的首端 2v1；另一个端子则是异名端，即二次绕组的尾端 2v2。同理可分别判断 u、w 相的首尾端。

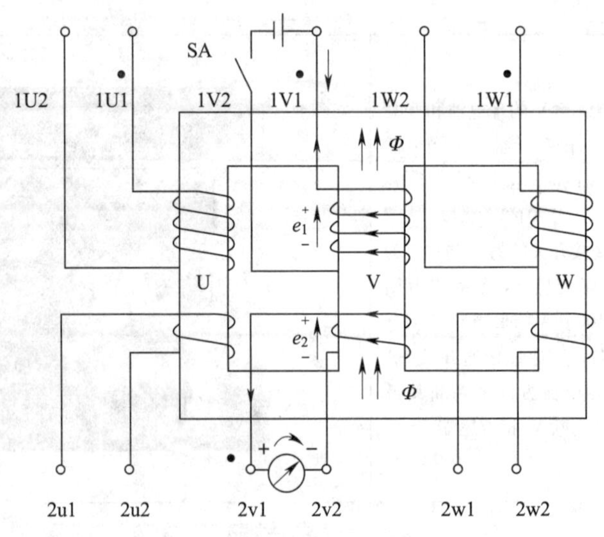

图 1—3—7　直流法判别三相变压器二次绕组首尾端

2. 三相变压器的绕组连接

当三相变压器一次、二次绕组的首尾端确定后，按图 1—3—5 所示将绕组连接为 Yyn0 组别。需要注意的是，不管是星形联结还是三角形联结，如果一侧有一相首尾接反了，三相磁通就不对称，会引起空载电流急剧增加，产生严重事故，这是不允许的。

3. 三相变压器一次、二次电压的测量

测试电路参考图 1—3—5。

（1）将三相变压器一次侧首端 U1、V1、W1 分别与电源相线 L1、L2、L3 连接，二次侧空载。

（2）用万用表交流电压挡位 500 V 量程分别测量和记录一次线电压，正常值应为 380 V 左右。

（3）用万用表交流电压挡位 100 V 量程分别测量和记录二次线电压，正常值应为 62 V 左右。

（4）用万用表交流电压挡位 100 V 量程分别测量和记录二次相电压，正常值应为 36 V 左右。

将测量结果记录在表 1—3—4 中，如测量结果偏差较大，应找出偏差原因，排除故障后重新测量。

表 1—3—4　　一次、二次电压测量结果

测试项目	一次线电压	二次线电压	测试项目	二次相电压
U_{UV}/U_{uv}			U 相	
U_{VW}/U_{vw}			V 相	
U_{WU}/U_{wu}			W 相	

任务评价

评 分 标 准

序号	项目内容	评分标准	配分	得分
1	准备工作	（1）未将所需工具、仪表和设备与器材准备好，每少 1 件扣 3 分 （2）未采用安全保护措施，扣 15 分	15	
2	三相绕组首尾端判别	（1）判别测试电路连接不正确，扣 5 分 （2）一次绕组首尾端判别不正确，扣 5 分 （3）二次绕组首尾端判别不正确，扣 5 分	25	
3	三相绕组连接	（1）一次绕组连接不正确，扣 10 分 （2）二次绕组连接不正确，扣 10 分	20	
4	一次、二次电压测量	（1）一次绕组线电压测量不正确，扣 5 分 （2）二次绕组线电压测量不正确，扣 5 分 （3）二次绕组相电压测量不正确，扣 5 分	25	
5	故障判断与分析	（1）不能正确判断故障类型，每次扣 5 分 （2）不能正确分析故障原因，每次扣 5 分	10	

续表

序号	项目内容	评分标准		配分	得分
6	数据记录	数据记录不完整扣 1～5 分		5	
7	安全文明生产	(1) 违反安全文明生产规程，扣 5～40 分 (2) 发生人身和设备安全事故，不及格			
8	定额时间	2 h，超时扣 5 分			
9	备注		合计	100	

思考与练习

1. 三相变压器铭牌上主要参数有哪些？
2. 三相变压器绕组有几种连接方式？
3. 如何按 Yyn0 联结组别连接三相变压器？此种连接方式适合什么样的负载？
4. 说明三相变压器首尾端判别的重要性。

2 模块二 三相异步电动机控制线路的装调与维护

任务 1 三相异步电动机的拆装与检测

◆ **技能点**

◎ 三相异步电动机的拆卸

◎ 三相异步电动机的装配

◎ 三相异步电动机的简单测试

◆ **知识点**

◎ 三相异步电动机的基本结构

◎ 三相异步电动机的工作原理

◎ 三相异步电动机的铭牌

任务提出

现代生产企业广泛使用电动机作为动力来源，驱动机械设备运转。由于供电系统采用三相交流电形式，同时三相交流异步电动机具有结构简单、价格低廉、维护容易、使用方便等优点，故三相交流异步电动机比其他类型的电动机应用更为广泛，其维修保养量也最大。现有小功率三相异步电动机一台，电工工具、拆装工具、材料、仪表均已准备好，本任务要求对三相异步电动机进行拆解与装配，并且测试电动机绝缘电阻、空载电流与转速。

任务分析

在熟悉三相交流异步电动机的结构，掌握其工作原理，看懂电动机铭牌的基础上按以下步骤对电动机进行拆卸、装配和测试：打开端盖，抽出笼型转子；观察定子和转子的结构；组装三相异步电动机；三相异步电动机通电运行并测试相关数据。在拆卸和装配的过程中要注意保护定子绕组线圈的绝缘，在组装电动机的过程中要注意零部件的装配顺序。由于要测量高电压，在操作过程中必须严格遵守电工实习操作规则。

相关知识

一、三相异步电动机的基本结构

三相交流异步电动机主要由定子（固定部分）和转子（旋转部分）两大部分构成。定子和转子之间的气隙一般为0.25～2 mm。三相交流异步电动机的构件分解如图2—1—1所示。

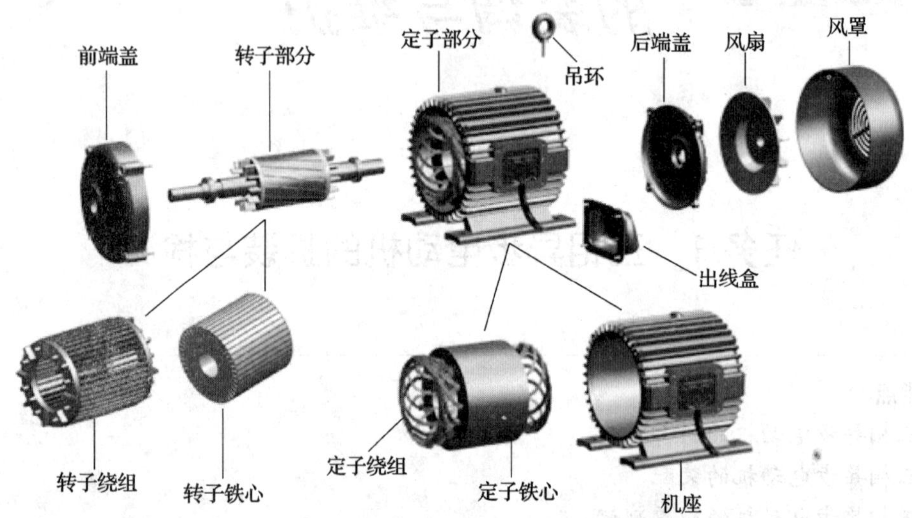

图2—1—1　三相交流异步电动机构件分解图

1. 定子

电动机的固定部分称为定子，包括机座、定子铁心和定子绕组等部件。

（1）机座。机座通常采用铸铁或钢板制成，用来固定定子铁心，利用两个端盖支撑转子，并散发电动机运行中产生的热量。

（2）定子铁心。定子铁心由硅钢片叠压成圆筒，片与片之间涂有绝缘漆以减少涡流损耗和磁滞损耗，定子铁心和转子铁心共同构成电动机的磁路。定子铁心内圆周表面有均匀分布的槽，用于嵌放定子绕组。机座与定子铁心如图2—1—2所示。

（3）定子绕组。定子绕组的作用是通入三相交流电流，产生旋转磁场，是定子中的电路部分。异步电动机的定子绕组通常采用高强度的漆包线绕制而成，分为三相，即U相、V相和W相。它们分布在定子铁心槽内，彼此相隔120°，如图2—1—3所示。

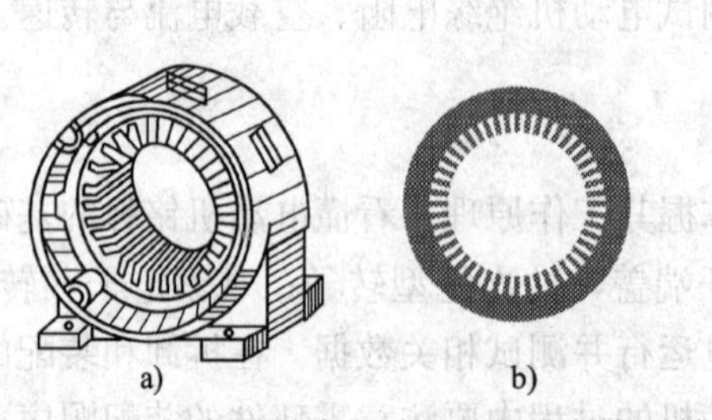

图2—1—2　三相交流异步电动机的机座与定子铁心
a）机座　b）定子铁心

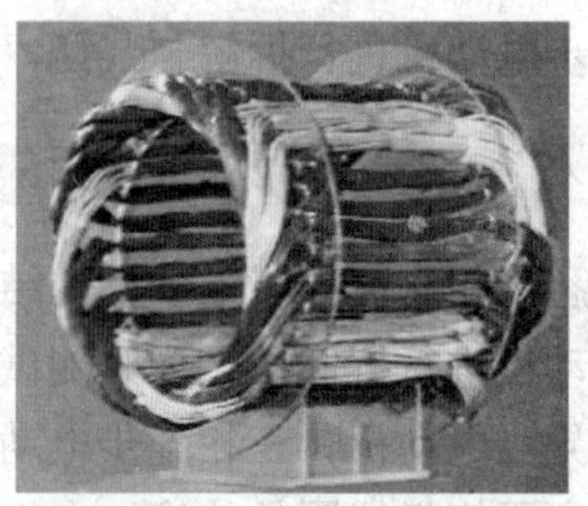

图2—1—3　三相定子绕组

三相定子绕组引出 6 个端子接在电动机外壳的接线盒里，其中 U1、V1、W1 为三相定子绕组的首端，U2、V2、W2 为三相定子绕组的末端。三相定子绕组根据电源电压和绕组额定电压连接成 Y（星）形或△（三角）形，三相定子绕组的首端接三相交流电源，如图 2—1—4 所示。

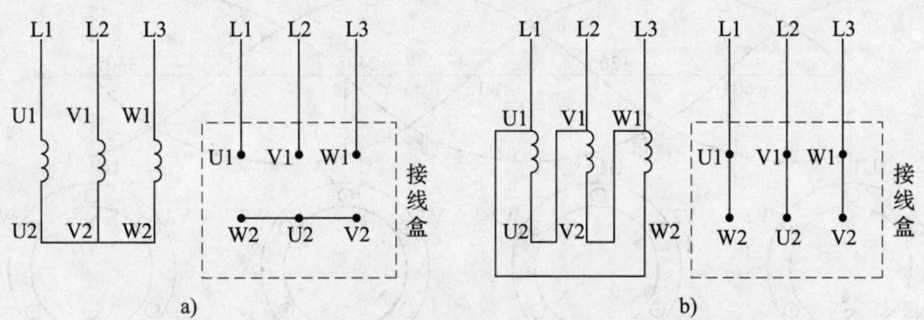

图 2—1—4　三相交流异步电动机的定子绕组连接方式

a）Y 形联结　b）△形联结

2. 转子

转子是电动机的旋转部分，主要由转轴、转子铁心和转子绕组等部件构成。

(1) 转轴。转轴用来支撑转子旋转，保证定子与转子间均匀的气隙。

(2) 转子铁心。转子铁心一般由 0.5 mm 厚、表面绝缘的硅钢片叠成，转子铁心的外圆周表面有均匀分布的槽，用来嵌放转子绕组。

(3) 转子绕组。转子绕组的作用是产生感应电动势和电流，并在旋转磁场的作用下产生电磁力矩而使转子转动。笼型转子绕组是由嵌放在转子铁心槽内的若干铜条构成，两端分别焊接在两个短接的端环上。如果去掉铁心，转子绕组的形状就像一个鼠笼，故称笼型转子绕组。为了简化制造工艺，目前异步电动机大都在转子铁心槽中直接浇铸铝液，铸成笼型绕组，并在端环上铸出叶片，作为冷却风扇，如图 2—1—5 所示。

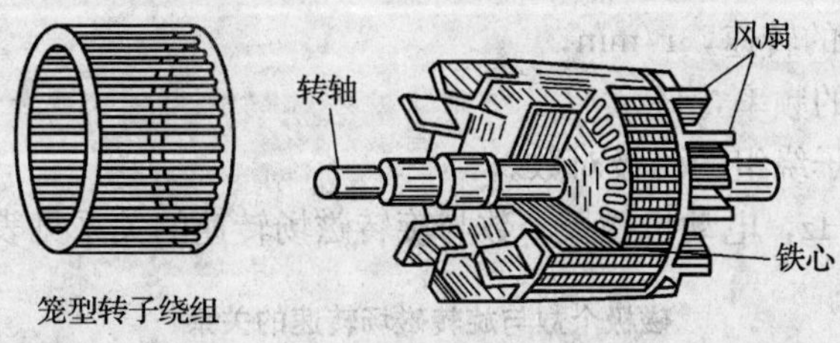

图 2—1—5　三相交流异步电动机的笼型转子绕组

二、三相异步电动机的工作原理

1. 旋转磁场的产生

当电动机定子绕组通以三相交流电流时，三相定子绕组中的各相电流都将产生各自的磁场。由于电流随时间变化，其产生的磁场也将随时间变化，而三相电流产生的总磁场（合成磁场）是在空间旋转的，故称旋转磁场。下面来讨论旋转磁场的产生。

U1、V1、W1 和 U2、V2、W2 分别代表三相定子绕组的首端和末端。三相定子绕组的末端接到一起，首端接在三相对称交流电源上，绕组内便通入三相对称交流电流 i_U、i_V、i_W，三相交流电流在定子空间产生的磁场如图 2—1—6 所示。

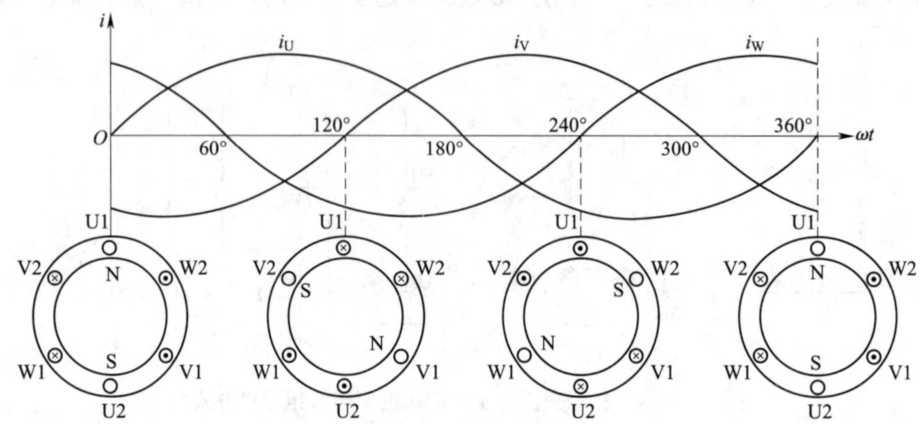

图 2—1—6　定子空间旋转磁场的变化

由图 2—1—6 可以看出，三相绕组在空间位置上互差 120°，三相交流电流在定子空间产生的旋转磁场具有 1 对磁极（N 极、S 极各 1 个）。当电流从 $\omega t=0$ 变化到 $\omega t=120°$时，磁场在空间旋转了 120°，即三相交流电流产生的合成磁场随电流变化在定、转子与气隙中不断地旋转，这就是旋转磁场的产生原理。三相交流电流变化一个周期，2 极（1 对磁极）旋转磁场旋转 360°，即正好旋转 1 圈。若电源频率 $f=50$ Hz，则旋转磁场每分钟转速 $n_s=60f=60\times50=3\ 000$ r/min。当旋转磁场具有 4 极即 2 对磁极时，其转速仅为 1 对磁极时的一半，即 $n_s=60f/2=60\times50/2=1\ 500$ r/min。所以，旋转磁场的转速与电源频率和旋转磁场的磁极对数有关。当旋转磁场具有 p 对磁极时，旋转磁场的转速为

$$n_s=\frac{60f}{p}$$

式中　n_s——旋转磁场的转速，r/min；

f——交流电源的频率，Hz；

p——电动机定子绕组的磁极对数。

若电源频率为 50 Hz，电动机磁极个数与旋转磁场转速的关系见表 2—1—1。

表 2—1—1　　**磁极个数与旋转磁场转速的关系**

磁极（个）	2 极	4 极	6 极	8 极	10 极	12 极
n_s（r/min）	3 000	1 500	1 000	750	600	500

2. 三相异步电动机的转动原理

当电动机的三相定子绕组通入三相交流电流时，便在定、转子与气隙中产生旋转磁场，此时转子为静止状态，所以转子导体作切割磁力线的相对运动，在闭合的转子导体中产生感应电动势和感应电流，感应电流的方向可用右手定则判别：上部转子导体中感应电流方向为

流出纸面，下部转子导体中感应电流方向为流入纸面，如图2—1—7所示。通有感应电流的转子导体在磁场中受到磁场力的作用，电磁力 F 的方向可用左手定则判别，于是，转子在电磁力产生的电磁转矩作用下与旋转磁场同方向旋转。

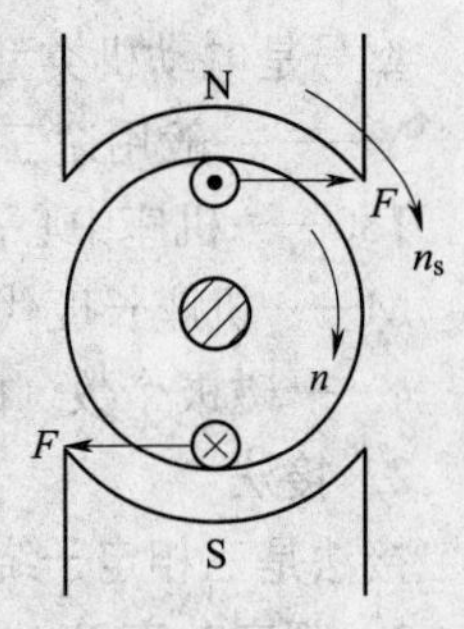

图2—1—7　三相异步电动机的转动原理

3. 转差率

虽然转子在电磁力矩作用下与旋转磁场同向转动，但转子的转速不可能与旋转磁场的转速相等。因为如果两者相等，则转子与旋转磁场之间便没有相对运动，转子导体不切割磁力线，不能产生感应电动势和感应电流，转子就不会受到电磁力矩的作用。所以，转子的转速始终小于旋转磁场的转速，这就是异步电动机名称的由来。通常将旋转磁场的转速 n_s 与转子转速 n 的差和旋转磁场的转速 n_s 之比称为转差率，即

$$s=\frac{n_s-n}{n_s}$$

转差率是分析三相交流异步电动机工作特性的重要参数。电动机启动瞬间，$s=1$，转差率最大，启动过程中随着转子转速升高，转差率越来越小。由于三相交流异步电动机的额定转速与旋转磁场的转速接近，所以额定转差率很小，通常为0.015～0.06。

电动机的转速 n 与电源频率 f、磁极对数 p 和转差率 s 的关系式为

$$n=\frac{60f}{p}(1-s)$$

4. 三相异步电动机的反转

电动机转子的转动方向与旋转磁场的方向相同，如果需要改变电动机转子的转动方向，必须改变旋转磁场的方向。旋转磁场的方向与通入定子绕组的三相交流电流的相序有关，因此，将定子绕组接入三相交流电源的导线任意对调两根，则旋转磁场改变转向，电动机也随之反转。

三、三相异步电动机的铭牌

每台三相异步电动机的机座上都有一块铭牌，如图2—1—8所示。现以Y180M－4型三相异步电动机为例来说明铭牌上各个数据的含义。

三相异步电动机					
型号	Y180M－4	功率	18.5 kW	电压	380 V
电流	35.9 A	频率	50 Hz	转速	1 470 r/min
接法	△	工作方式	连续	外壳防护等级	IP44
产品编号	××××××	重量	180 kg	绝缘等级	B级
	××电机厂			××××年 ××月	

图2—1—8　三相异步电动机的铭牌

1. 型号

型号是电动机类型、规格的代号，以型号 Y180M－4 为例，其中

Y——一般用途三相笼型异步电动机；

180——机座中心高 180 mm；

M——机座长度代号（S——短机座，M——中机座，L——长机座）；

4——磁极个数（磁极对数 $p=2$）。

2. 接法

接法是三相定子绕组的连接方式，有星形（Y）或三角形（△）两种。

3. 额定功率 P_N（kW）

额定功率也称额定容量，是指在额定运行状态下，电动机转轴上输出的机械功率。

4. 额定电压 U_N（V）

额定电压是指电动机在正常运行时加到定子绕组上的线电压。常用的中、小功率电动机额定电压为 380 V。

5. 额定电流 I_N（A）

额定电流是指电动机在额定条件下运行时，定子绕组的额定电流值。由于电动机启动时转速很低，转子与旋转磁场的相对速度差很大，因此，转子绕组中感应电流很大，引起定子绕组中电流也很大。通常，电动机的启动电流约为额定电流的 5～7 倍。虽然启动电流很大，但启动时间很短，而且随着电动机转速的上升，电流会迅速减小，故对于容量不大且不频繁启动的电动机影响不大。

6. 额定频率 f_N（Hz）

额定频率是指电动机使用交流电源的频率。我国工业用交流电的频率为 50 Hz，在调速时则可以通过变频器改变电动机的电源频率。

7. 额定转速 n_N（r/min）

额定转速是指电动机在额定电压、额定频率及输出额定功率时的转速。

8. 绝缘等级

绝缘等级是指电动机定子绕组所用绝缘材料允许的最高温度等级，常用绝缘材料的等级及其最高允许温度见表 2—1—2。

表 2—1—2　　绝缘材料耐热性能等级

绝缘等级	A	E	B	F	H
最高允许温度（℃）	105	120	130	155	180

表 2—1—2 中最高允许温度为环境温度（40℃）与允许温升之和。

9. 工作方式

工作方式是对电动机在额定条件下持续运行时间的限制，以保证电动机的温升不超过允许值。电动机常用的工作方式有连续、短时、断续三种。

（1）连续工作方式。在额定状态下可长期连续工作，如水泵、通风机等。

（2）短时工作方式。只允许在规定时间内运行，短时工作方式分为 10 min，30 min，

60 min，90 min 四种。

（3）断续工作方式。电动机以间歇方式运行，如吊车、起重机等。

任务实施

一、准备工作

1. 工具

电工工具 1 套（验电笔、一字和十字旋具、钢丝钳、尖嘴钳、斜口钳、剥线钳等），三爪拉具、木锤、紫铜棒等拆装、接线、调试专用工具。

2. 仪表

MF30 型万用表、5050 型兆欧表、T301—A 型钳形电流表、转速表。

3. 设备与器材

小功率三相异步电动机 1 台，380 V 电源，连接电缆，三相刀开关 1 只。

煤油、汽油、刷子、干布、绝缘黑色胶布、劳保用品等。

二、操作步骤与要领

1. 三相异步电动机的拆卸（见表 **2—1—3**）

2. 三相异步电动机的装配（见表 **2—1—4**）

3. 三相异步电动机的简单测试

（1）测试前应进一步检查电动机的装配质量。如各部分螺栓是否拧紧，引出线的标记是否正确，转子转动是否灵活，轴伸出端径向有无偏摆等情况。

表 2—1—3　　三相异步电动机的拆卸

内容	图示	操作步骤及要点
拆卸带轮		在带轮的轴伸端上做好尺寸标记，将带轮上的定位螺钉或销松脱取下。拉具的丝杠顶端要对准电动机轴端的中心，慢慢转动丝杠，把带轮逐渐拉出。用合适的工具将固定带轮的楔键拆下
拆卸风扇	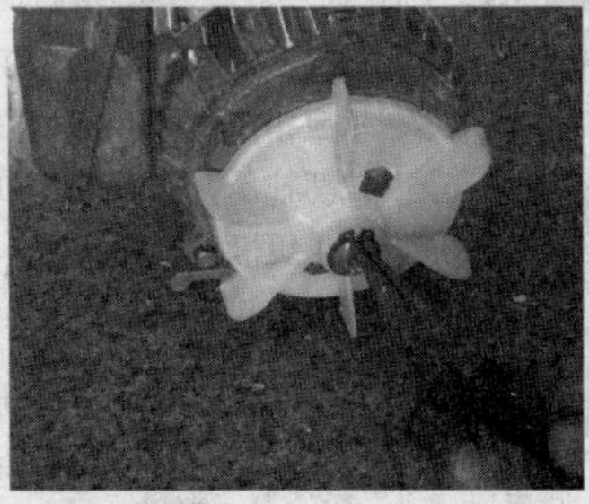	首先把外风罩螺钉松脱，取下风罩；然后把风叶上的定位螺钉或销松脱取下，用木锤在风叶四周均匀地轻敲，风叶就可松脱下来

续表

内容	图示	操作步骤及要点
拆卸端盖螺栓		分别拆卸前、后端盖上的 3 个螺栓，端盖螺栓的松动必须按对角线上下左右依次旋动
拆卸后端盖		用木锤敲打轴伸出端，使后端盖脱离机座
取下后端盖及抽出转子		抽出转子时，应小心谨慎、动作缓慢，不可歪斜，以免碰擦定子绕组
拆卸前端盖		用硬木条从后端伸入，顶住前端盖的内部敲打，然后用手轻轻将前端盖取下
拆卸轴承		根据轴承的规格，选用适宜的拉具，拉具的脚爪应扣在轴承的内圈上，切勿放在外圈上，以免拉坏轴承。拉具的丝杠顶点要对准转子轴端中心，缓慢均匀地扳动丝杠，轴承就会逐渐脱离转轴而被卸下来

表 2—1—4　　　　　　　　　　三相异步电动机的装配

内容	图示	操作步骤及要点
检查轴承	将轴承和轴承盖用煤油清洗干净，检查内外轴承环有无裂纹等，用手转动轴承外圈，观察其转动是否灵活、均匀，决定是否更换	
安装轴承		将轴承套在轴上，用紫铜棒将轴承压入轴颈，缓慢地敲入，切勿总是敲击一边，或敲轴承外圈
在转轴上安装后端盖		将轴伸出端朝下垂直放置，在其断面上垫上木板，将后端盖套在后轴承上，用木锤敲打，把后端盖敲进去
安装转子	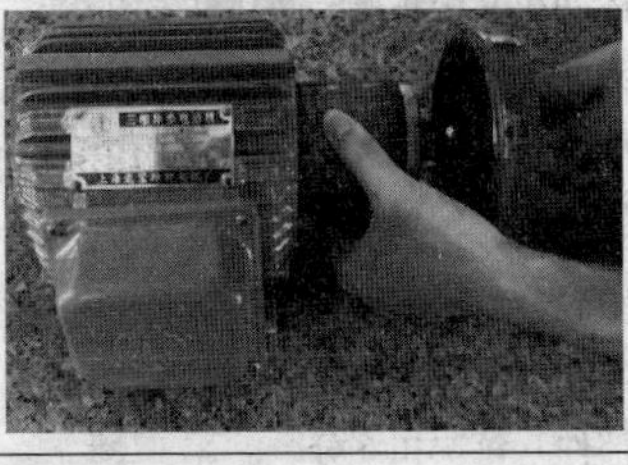	把转子对准定子内圈中心，小心地往里放，不可擦伤定子绕组。后端盖要对准与机座的标记，旋上后端盖螺栓
安装前端盖		将前端盖对准与机座的标记，用木锤均匀敲击端盖四周，盖严后拧上前端盖的紧固螺栓。检查转子转动是否灵活，有无卡阻现象
安装风扇		风叶和风罩安装完毕后，用手转动转轴，转子应转动灵活、均匀，无停滞或偏重现象
安装带轮	安装时，要注意对准键槽，在带轮的端面上垫上木块，用锤子敲入。若敲入困难，应在轴的另一端垫上木块顶在墙上，再敲入带轮	

（2）用兆欧表测量电动机定子绕组各相之间和绕组各相与地之间的绝缘电阻，要求不得低于 0.5 MΩ。

（3）根据电动机的铭牌数据（线电压和接线方式）进行接线和连接电缆线，为了保证安全，必须按电气系统要求连接好电动机的保护接地（接零）线。

（4）测量电动机的空载电流。闭合刀开关，电动机运转平稳后用钳形电流表分别测试三相定子绕组空载电流，同时观察电动机是否有杂声和振动，如有应立即分断刀开关，先拆除电缆线，然后检查。正常情况下电动机的空载电流值远小于额定电流值，并且三相空载电流值应平衡。若有问题应检查三相定子绕组的直流电阻值，正常时三相定子绕组的直流电阻值应相等。

（5）用转速表测量电动机转速，并与电动机的额定转速进行比较，两者应基本相等。

任务评价

评 分 标 准

序号	项目内容	评分标准		配分	得分
1	准备工作	（1）未将所需工具、仪表和设备与器材准备好，每少1件扣2分 （2）拆除电动机接线盒内接线及电动机外壳保护接地工艺不正确扣3分		5	
2	三相异步电动机拆卸	（1）拆卸方法和步骤不正确，每次扣5分 （2）碰伤绕组扣6分 （3）损坏零部件，每次扣4分 （4）装配标记不清楚，每处扣2分		18	
3	三相异步电动机装配	（1）装配步骤和方法错误，每次扣5分 （2）碰伤绕组扣4分 （3）损伤零部件，每次扣5分 （4）轴承清洗不干净、加润滑油不适量，每只扣3分 （5）紧固螺钉未拧紧，每只扣3分 （6）装配后转动不灵活扣5分		25	
4	线路连接	（1）接线不正确扣15分 （2）接线不熟练扣5分 （3）电动机外壳接地不好扣5分		25	
5	三相异步电动机简单测量	（1）测量电动机绝缘电阻不合格扣6分 （2）不会测量电动机的电流、转速等，每次扣3分		15	
6	通电试车	（1）空载电流测量方法不正确扣6分 （2）不会根据检查结果判定电动机是否合格扣6分		12	
7	安全文明生产	（1）违反安全文明生产规程，扣5～40分 （2）发生人身和设备安全事故，不及格			
8	定额时间	4 h，超时扣5分			
9	备注		合计	100	

思考与练习

一、填空题

1. 三相异步电动机由________和________两大部分组成。

2. 三相异步电动机定子铁心的作用是作为________的一部分，并在铁心槽内放置________。

3. 三相异步电动机转子绕组的作用是产生________和________，并在旋转磁场的作用下产生________而使转子转动。

4. 三相定子绕组中产生的旋转磁场的转速与________成正比，与________成反比。

5. 三相异步电动机转子的转速________旋转磁场的转速。

6. 旋转磁场的转向是由接入三相定子绕组中电流的________决定的，改变电动机定子绕组中任意两相的电源接线，旋转磁场即________。

二、选择题

1. 一般中、小型异步电动机转子与定子间的气隙约为（　　）mm。

A. 0.2～1　　B. 0.25～2

C. 2～2.5　　D. 3～5

2. 三相异步电动机的定子铁心及转子铁心均采用硅钢片叠成，其原因是（　　）。

A. 减少铁心中的能量损耗

B. 允许电流流过

C. 价格低廉

D. 制造方便

任务2　三相异步电动机点动控制线路的装调

◆ **技能点**

◎ 三相异步电动机点动控制线路的装调与操作

◆ **知识点**

◎ 常用低压电器

◎ 绘制、识读电气控制线路图的原则

任务提出

控制电动机运转或停止的线路称为电气控制线路，其中点动控制线路适用于对电动机作短时间运转的控制。如电动葫芦中的起重电动机控制，车床溜板箱快速移动电动机控制。本任务要求对如图2—2—1所示三相异步电动机点动控制线路进行装调和操作。电动机点动控制操作为：用手按下按钮SB，电动机M得电运转；松开按钮SB，电动机M失电停止。

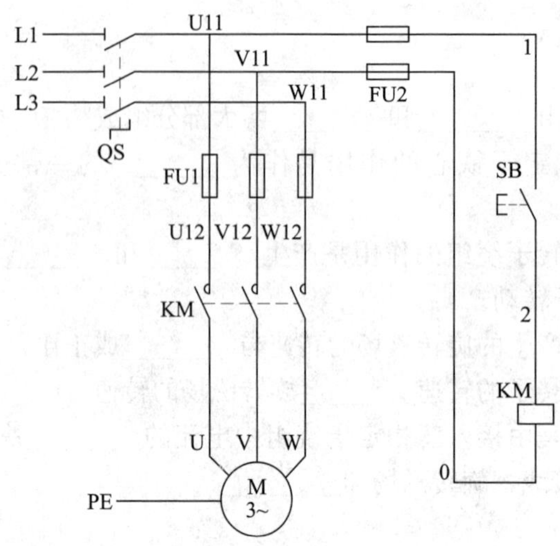

图 2—2—1　点动控制线路

任务分析

要掌握三相异步电动机点动控制线路的装调与操作技能，首先应该熟悉该控制线路所使用的设备与元件功能，区分哪些是控制电器，哪些是保护电器，如何选择和使用这些电气设备与元件。其次是看懂电气控制原理图，掌握分析电气原理图的方法，在装调前根据设备与元件实际布局绘制接线图，并按接线图进行装配和调试。最后进行通电操作，检查电动机是否按控制要求运行或停止。如果达不到控制要求，则进行检查和排除电路故障，直至达到预定的控制要求为止。

相关知识

一、常用低压电器

1. 组合开关

组合开关属于控制电器，主要用作电源引入开关，如图 2—2—2 所示为 HZ10 系列组合开关。组合开关有 3 对静触头，分别装在 3 层绝缘垫板上，并附有接线端伸出盒外，以便和电源及用电设备相接。3 个动触头装在附有手柄的绝缘杆上，手柄每次转动 90°，带动 3 个动触头分别与静触头接通或断开。

2. 按钮

按钮属于控制电器，用来控制接触器线圈的通电或断电。如图 2—2—3 所示为电气设备中常用按钮以及按钮的结构、电路符号与型号规格。

（1）分类与型号规格。按钮一般分为常开按钮、常闭按钮和复合按钮，其电路符号如图 2—2—3b 所示。按钮的型号规格如图 2—2—3c 所示，例如，LA10－2K 表示开启式两联按钮。按钮的额定电压为 380 V，额定电流为 5 A。

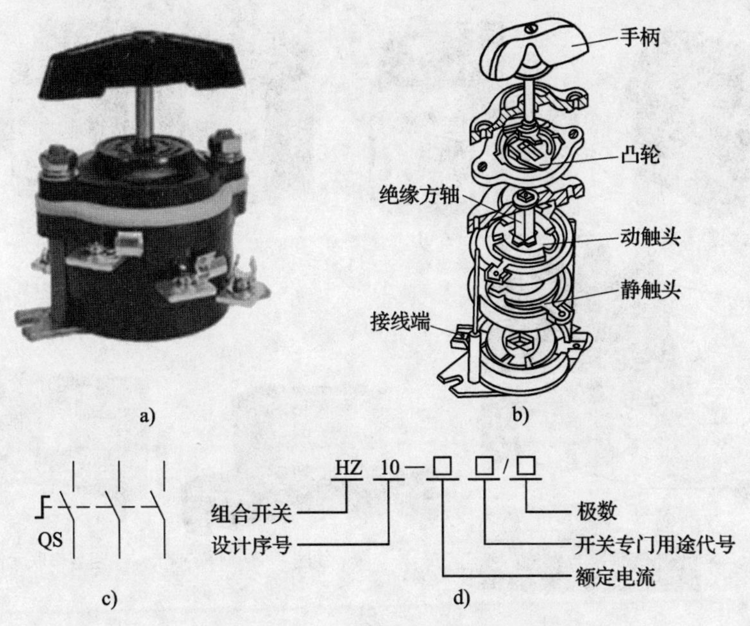

图 2—2—2　HZ10－10/3 组合开关

a）外形　b）结构　c）电路符号　d）型号规格

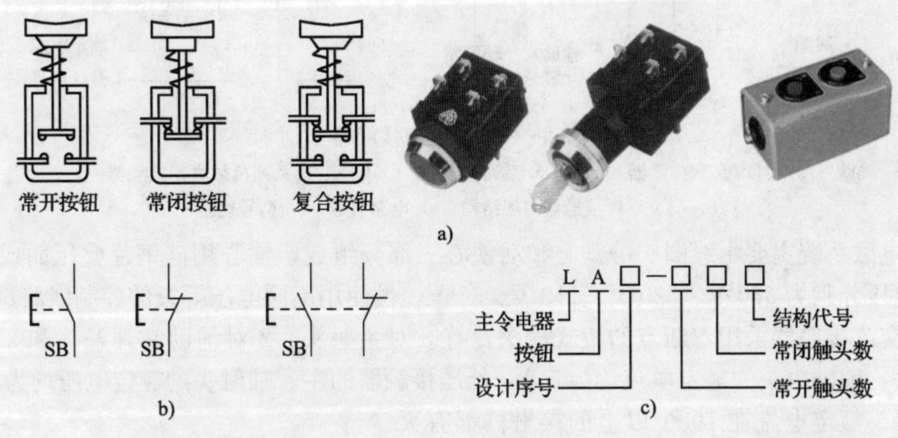

图 2—2—3　按钮

a）外形与结构　b）电路符号　c）型号规格

（2）按钮的选用。停止按钮选用红色钮；启动按钮优先选用绿色钮，但也允许选用黑、白或灰色钮；一钮双用（启动/停止）不得使用绿、红色钮，而应选用黑、白或灰色钮。

3. 接触器

接触器属于控制电器，是依靠电磁吸引力与复位弹簧反作用力配合动作，而使触头闭合或断开的电磁开关，主要控制对象是电动机。接触器具有控制容量大、工作可靠、操作频率高、使用寿命长和便于自动化控制等优点，但本身不具备短路和过载保护，因此，常与熔断器、热继电器或断路器等配合使用。

（1）结构。交流接触器的外形与结构如图 2—2—4 所示，接触器主要由电磁系统和触头系统组成。

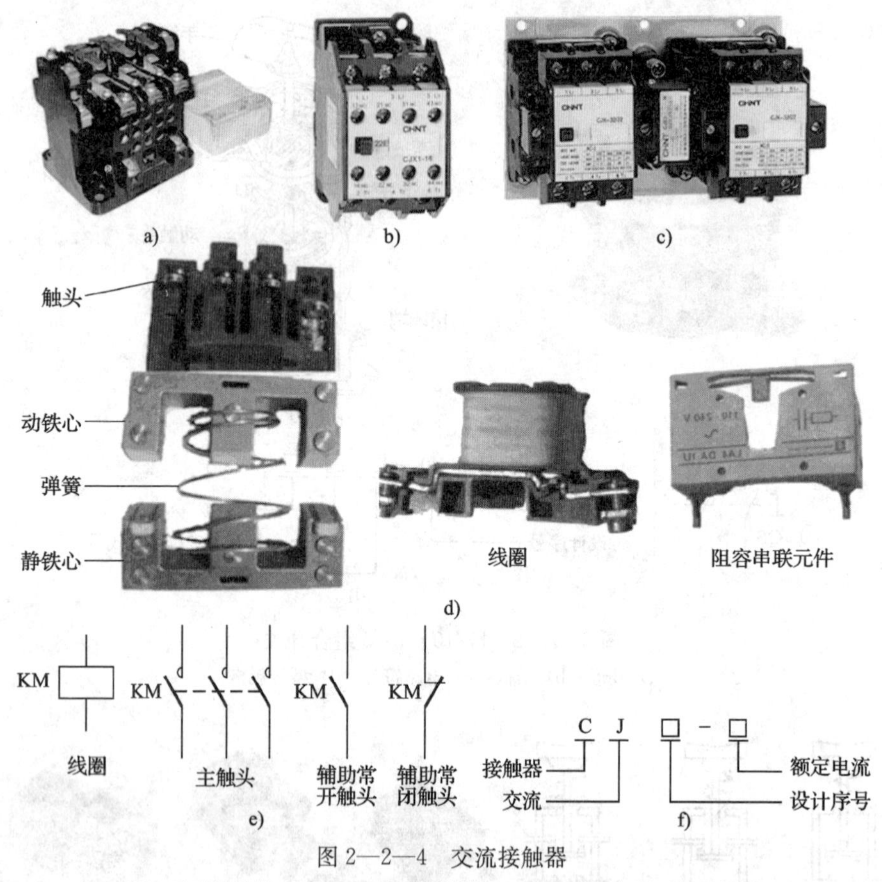

图 2—2—4　交流接触器

a) CJ10 系列接触器　b) CJX1 系列接触器　c) CJX1/N 系列机械联锁接触器

d) CJX 系列接触器内部结构　e) 电路符号　f) 型号规格

1) 电磁系统主要由线圈、静铁心和动铁心三部分组成，铁心用硅钢片叠压而成。线圈的额定电压分别为 380 V、220 V、110 V、36 V，供使用不同电压等级的控制线路选用。

2) 交流接触器采用双断点的桥式触头，有 3 对主触头、2 对辅助常开触头和 2 对辅助常闭触头，辅助触头的额定电流均为 5 A，低压接触器的主、辅触头的额定电压均为 380 V。通常主触头额定电流在 10 A 以上的接触器都有灭弧罩，作用是减小或消除触头电弧，灭弧罩对接触器的安全使用起着重要的作用。

(2) 电路符号与型号规格。接触器的电路符号如图 2—2—4e 所示。型号规格如图 2—2—4f 所示，例如，CJX1—16 表示主触头为额定电流 16 A 的交流接触器。

(3) 交流接触器的工作原理。交流接触器的工作原理如图 2—2—5 所示。接触器的线圈和静铁心固定不动，当线圈通电时，铁心线圈产生电磁吸力，将动铁心吸合并带动动触头运动，使常闭触头分断，常开触头接通。当线圈断电时，动铁心依靠

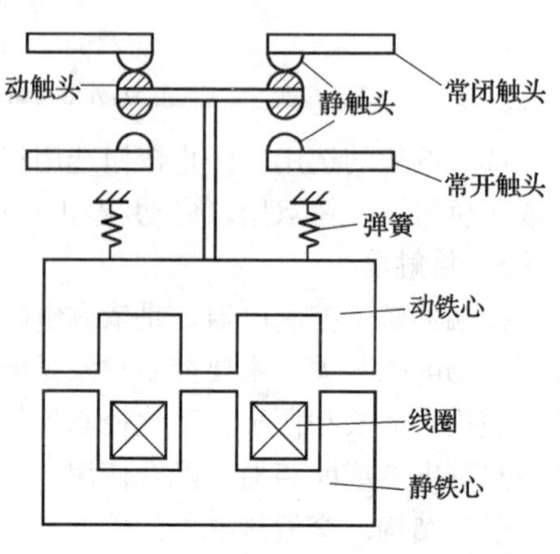

图 2—2—5　交流接触器工作原理

弹簧的作用而复位，其常开触头恢复分断，常闭触头恢复闭合。

(4) 交流接触器的选用。接触器主触头的额定电压应大于或等于被控制线路的额定电压。接触器主触头的额定电流应大于或等于电动机的额定电流。如果用在电动机频繁启动、制动及正反转的场合，应将接触器主触头的额定电流降低一个等级使用。线圈额定电压应与控制电路的电压等级相同，通常选用 380 V 或 220 V，若从安全考虑须用较低电压时，也可选用 36 V 或 110 V。

4. 中间继电器

中间继电器属于控制电器，在电路中起着信号传递、分配等作用，因其主要作为转换控制信号的中间元件，故称为中间继电器。中间继电器的外形与电路符号如图 2—2—6 所示。

图 2—2—6　中间继电器

a) JZC4 系列交流中间继电器　b) 电路符号

中间继电器的结构和工作原理与交流接触器相似，不同点是中间继电器只有辅助触头，触头的额定电压/电流为 380 V/5 A。通常中间继电器有 4 对常开触头和 4 对常闭触头。中间继电器线圈的额定电压应与控制电路的电压等级相同。

5. 熔断器

熔断器属于保护电器，使用时串联在被保护的电路中，其熔体在过电流时迅速熔断切断电路，起到保护用电设备和线路安全运行的作用。熔断器在电动机控制线路中作短路保护，熔体的安秒特性见表 2—2—1。

表 2—2—1　常用熔体的安秒特性

熔体通过电流 (A)	$1.25I_N$	$1.6I_N$	$1.8I_N$	$2I_N$	$2.5I_N$	$3I_N$	$4I_N$	$8I_N$
熔断时间 (s)	∞	3 600	1 200	40	8	4.5	2.5	1

在表 2—2—1 中，I_N为熔体额定电流，通常取 $2I_N$为熔断器的熔断电流，其熔断时间约为 40 s，因此，熔断器对轻度过载反应迟缓，一般只能作短路保护。

(1) 外形、结构与电路符号（见图 2—2—7）。刀形触头熔断器多安装于配电柜。RT 系列圆筒帽形熔断器采取导轨安装和安全性能高的指触防护接线端子，目前在电气设备中广泛应用。

熔断器由熔体、熔管和熔座三部分组成。

1) 熔体。熔体常做成丝状或片状，制作熔体的材料一般有铅锡合金和铜。

2) 熔管。用于安装熔体，做熔体的保护外壳并在熔体熔断时兼有灭弧作用。

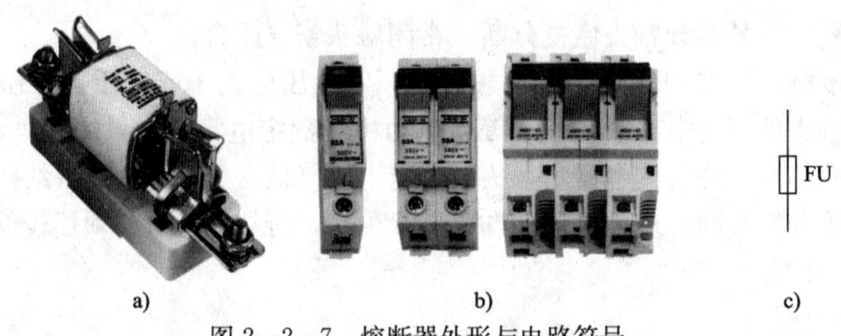

图 2—2—7　熔断器外形与电路符号

a）NT 系列刀形触头熔断器　b）RT 系列圆筒帽形熔断器　c）电路符号

3）熔座。起固定熔管和连接导线作用。

（2）主要技术参数

1）额定电压。指熔断器长期安全工作的电压。

2）额定电流。指熔断器长期安全工作的电流。

（3）熔体额定电流的选择

1）对于单台电动机的短路保护，熔体额定电流应大于或等于电动机额定电流的 1.5～2.5 倍。

2）对于多台电动机的短路保护，熔体额定电流应大于或等于其中最大功率电动机的额定电流的 1.5～2.5 倍，再加上其余电动机的额定电流之和。

3）对于启动负载大、启动时间长的电动机，熔体额定电流的倍数应适当增大，反之适当减小。

二、绘制、识读电气控制线路图的原则

电气控制线路常用电路图和接线图来表示。

1. 电路图

电路图是采用国家统一规定的电气图形符号和文字符号，按照电气设备和电器的工作顺序，详细表示电路、设备或成套装置的全部基本组成和连接关系，而不考虑实际位置的一种图形。电路图能充分表达电气设备和电器的用途、作用和线路的工作原理，是电气控制线路安装、调试和维修的理论依据。

绘制和识读电路图时应遵循以下原则：

（1）电路图一般按电源电路、主电路、控制电路和辅助电路等绘制。

1）电源电路画成水平线，三相交流电源按相序 L1、L2、L3 自上而下依次画出，中线 N 和保护地线 PE 在相线之下。

2）主电路是指动力电路，由接触器的主触头和电动机等组成。主电路图要垂直画在电路图的左侧。

3）控制电路起控制主电路的作用，由主令电器的触头和接触器的线圈等组成。一般按照电动机动作顺序依次垂直画在主电路图的右侧，且电路中负载（如线圈）要画在下方，并与下边的电源线连接，而触头要画在负载与上边电源线之间。

4）辅助电路包括指示灯电路和照明电路等。

（2）各电器的触头按电器未通电或电器未受外力作用的常态画出。

(3) 同一电器的各元件不按它们的实际位置画在一起，而是按其在线路中所起的作用分别画在不同电路中，但它们的动作是相互关联的，因此必须标注相同的文字符号。

2. 接线图

接线图是根据电气设备和电气元件的实际位置和安装情况绘制的，只用来表示电气设备和电气元件的位置、配线方式和接线方式，而不明显表示电气动作原理。接线图主要用于线路的安装、检查维修和故障处理。

(1) 接线图中一般显示出以下内容：电气设备和电气元件的相对位置、文字符号、端子号、导线号、导线类型和导线截面积等。

(2) 所有的电气设备和电气元件都按其实际位置绘制在图纸上，且同一电器的各元件根据其实际结构，使用与电路图相同的图形符号画在一起，并用点画线框上，其文字符号及接线端子的编号应与电路图中的标注一致，以便对照检查接线。

(3) 接线图的导线有单根导线、导线组、电缆等之分，可用连续线和中断线来表示。凡导线走向相同的可以合并，用线束来表示，到达接线端子板或电气元件的连接点时再分别画出。

在实际工作中，电路图和接线图要结合起来使用。

任务实施

一、准备工作

1. 工具

电工工具1套（验电笔、一字和十字旋具、钢丝钳、尖嘴钳、斜口钳、剥线钳等）。

2. 仪表

万用表1块。

3. 设备与器材

控制板、线槽、接线排、各种规格软线和紧固件、金属软管、编码套管等。设备与器材明细见表2—2—2。

表2—2—2　　设备与器材明细表

序号	代号	名称	型号与规格	数量
1	M	异步电动机	根据实习设备自定	1
2	QS	电源开关	HZ10—25/3	1
3	FU1	熔断器	RL1—60/20，配熔体20 A	3
4	FU2	熔断器	RL1—15/1，配熔体1 A	2
5	KM	接触器	CJX1—9/22，线圈电压380 V	1
6	SB	按钮	LA39B—11	1
7		连接导线	BVR—1.5 mm^2塑料软铜线	若干

二、操作步骤与要领

1. 线路图识读

识读三相异步电动机点动控制线路图，明确电路所用电气设备与元件及其作用，熟悉线路的工作原理。

2. 设备与元件检查

按表 2—2—2 配齐所用电气设备与元件，并进行质量检查，检查时必须断开电源。

（1）检查电气设备与元件的技术数据（如型号、规格、额定电压、额定电流等）是否符合要求，外观有无损伤，附件是否齐全完好。

（2）检查电气设备与元件的电磁机构动作是否灵活，有无衔铁卡阻等不正常现象。用万用表检查电磁线圈的阻值以及各触头的分合情况。

（3）接触器线圈的额定电压必须与控制电路电压一致。

（4）对电动机进行常规检查。

3. 线路安装

安装步骤包括设备与元件的安装与接线、板线槽内配线控制和板外部配线控制。

（1）设备与元件的安装与接线。按照图 2—2—8 所示点动控制线路接线图将设备与元件用紧固件安装在控制板上，在布线通道上安装走线槽，并标上醒目的文字符号。安装电气设备与元件和走线槽时，应做到横平竖直、安装牢固、排列整齐和便于走线。紧固各设备与元件时，要施力均匀且适度，以防损坏设备与元件。在接线时，先连接主电路，后连接控制电路。

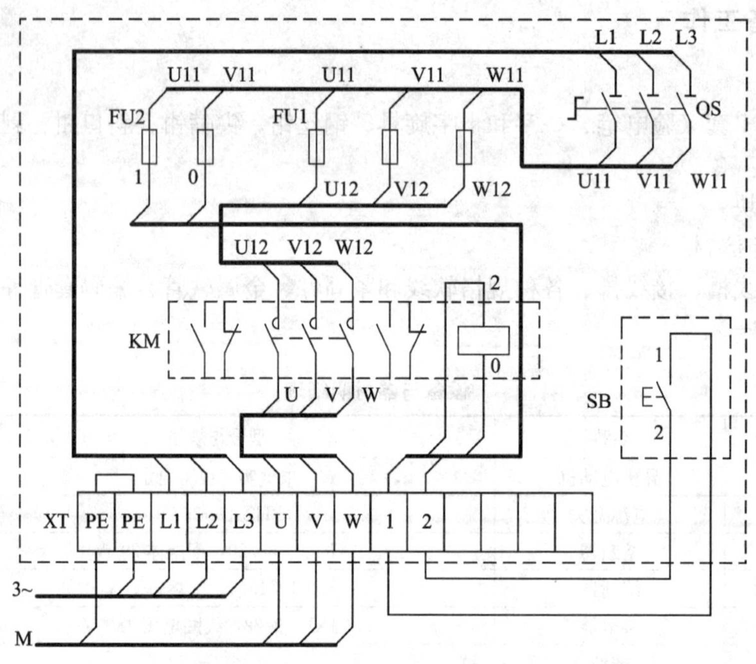

图 2—2—8　点动控制线路接线图

（2）板线槽内配线控制。进入线槽的导线要完全置于走线槽内，并能方便盖上线槽盖，具体要求如下：

1）布线时，严禁损伤线芯和导线绝缘。

2）走线槽内的导线要尽可能避免交叉，装线不超过其容量的 70%，以便装配和维修。

3）各电气设备与元件及线槽之间的外露导线，要尽可能做到横平竖直，变换走向时应垂直。同一设备与元件位置一致的端子和相同型号电气设备与元件中位置一致的端子上引出或引入的导线，要敷设在同一平面上，并应做到高低一致或前后一致，不得交叉。

4）各电气设备与元件接线端子上引出或引入的导线，除间距很小外，其余导线必须经过走线槽进行连接。

5）各电气设备与元件接线端子引出导线的走向，以设备与元件的水平中心线为界限，水平中心线以上接线端子引出的导线，必须进入设备与元件上面的走线槽；水平中心线以下接线端子引出的导线，必须进入设备与元件下面的走线槽。任何导线都不允许从水平方向进入走线槽内。

6）所有导线与接线端子的连接必须牢固，不得松动。

（3）板外部配线控制。控制板外部配线时，必须使导线有绝缘保护，如电动机或电源的配线，可以采用多芯橡皮电缆线。

4. 线路检查

线路检查时应在不通电的情况下进行，按照主电路、控制电路的顺序进行。

（1）对照电路图、接线图进行检查，核对线号，防止接线错误和漏接。

（2）检查按钮盒内触头的接线。

（3）检查接线端子紧固情况，排除虚接现象。

（4）用万用表检查线路通断情况。

5. 通电试车

通电试车必须经过指导老师的批准。为确保人身安全，在通电试车时，要认真执行安全操作规程，一人监护，一人操作。试车前，应检查电气设备是否有不安全的因素存在，若查出应立即整改，排除不安全因素后才能通电试车。操作步骤如下：

（1）合上电源开关 QS。

（2）启动。按下按钮 SB→接触器 KM 线圈得电→接触器 KM 主触头闭合→电动机 M 通电运转。

（3）停止。松开按钮 SB→接触器 KM 线圈失电→接触器 KM 主触头分断→电动机 M 失电停转。

（4）停止使用时，断开电源开关 QS。

任务评价

评分标准

序号	项目内容	评分标准	配分	得分
1	设备与元件检查	电气设备与元件漏检或错检，每处扣 1 分	5	
2	线路安装	（1）不按接线图安装，扣 15 分 （2）设备与元件安装不牢固，每只扣 5 分 （3）设备与元件安装不整齐、不匀称，每只扣 3 分 （4）损坏设备与元件，每只扣 10～15 分	15	

续表

序号	项目内容	评分标准		配分	得分
3	线路检查	(1) 不按电路图接线，扣 20 分 (2) 接点不符合要求，每个扣 2 分 (3) 布线不符合要求，每根扣 4 分 (4) 损伤导线绝缘或线芯，每根扣 5 分 (5) 漏接接地线，扣 10 分		40	
4	通电试车	(1) 操作顺序不对，每一次扣 10 分 (2) 第一次试车不成功，扣 20 分 第二次试车不成功，扣 30 分 第三次试车不成功，扣 40 分		40	
5	安全文明生产	(1) 违反安全文明生产规程，扣 5～40 分 (2) 发生人身和设备安全事故，不及格			
6	定额时间	3 h，超时扣 5 分			
7	备注		合计	100	

思考与练习

1. 电气控制线路中主电路和控制电路各有什么特点？

2. 交流接触器有几对主触头，几对辅助触头？交流接触器的线圈电压一定是 380 V 吗？怎样根据电动机容量选择交流接触器？

3. 如何根据电动机的额定值选择熔断器规格？

4. 点动控制主要应用在哪些场合？

任务 3　三相异步电动机自锁控制线路的装调

◆ **技能点**

◎ 三相异步电动机自锁控制线路的装调与操作

◆ **知识点**

◎ 热继电器

◎ 三相异步电动机自锁控制线路工作原理

◎ 排除控制线路故障的方法

任务提出

点动控制只适用于电动机短时间运转。要想实现电动机长时间运转，必须要求操作人员的一只手长时间按在按钮上，不方便其他操作，劳动强度大。所以如果电动机需要较长时间运转，就必须采用自锁控制。CA6140 型车床主轴电动机就是采用此种控制方式。本任务要求对如图 2—3—1 所示三相异步电动机自锁控制线路进行装调。自锁控制操作为：按下启动按钮 SB1，电动机运转，松开启动按钮 SB1，电动机仍保持运转状态；按下停止按钮 SB2，电动机停止。如果达不到控制要求，则进行检查和排除电路故障，直至达到预定的控制要求为止。

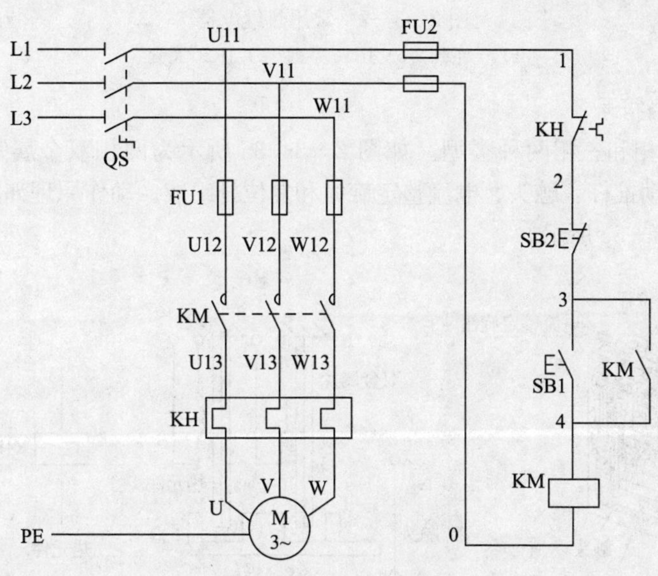

图 2—3—1　自锁控制线路

任务分析

要掌握三相异步电动机自锁控制线路的装调与操作技能，首先应该熟悉该控制线路所使用的设备与元件功能，区分哪些是控制电器，哪些是保护电器，如何选择和使用这些电气设备与元件。其次是看懂电气控制原理图，掌握分析电气控制原理图的方法，在装调前绘制出元件布置图和接线图，并按接线图进行装配和调试。最后进行通电操作，检查电动机是否按控制要求运行或停止。

在安装三相异步电动机具有过载保护的自锁控制线路时，需要注意的是在启动按钮两端并接接触器的辅助常开触头；在控制电路中串接一个停止按钮；并且热继电器的常闭触头应串接在控制电路中，热元件应串接在主电路中。

相关知识

一、热继电器

热继电器是利用电流热效应工作的保护电器。它主要与接触器配合使用，用作电动机的过载保护，如图 2—3—2 所示为常用的几种热继电器的外形图。

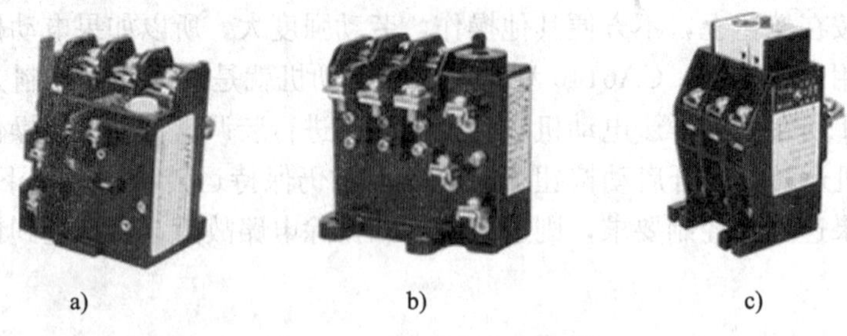

图 2—3—2 常用热继电器

a）T 系列 b）JR16 系列 c）JR20 系列

1. 结构与电路符号

热继电器有两相和三相两种类型。如图 2—3—3a 所示为两相双金属片式热继电器。它主要由热元件、传动推杆、触头、电流整定旋钮和复位杆组成。动作原理如图 2—3—3b 所示，电路符号如图 2—3—3c 所示。

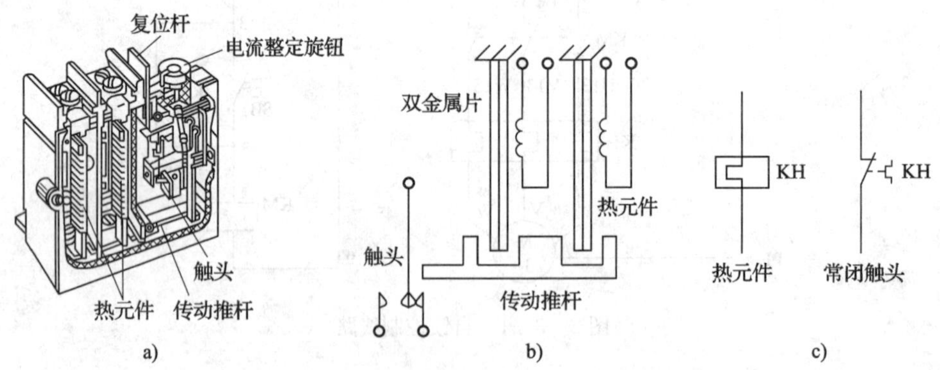

图 2—3—3 热继电器的结构、动作原理和电路符号

a）结构 b）动作原理 c）电路符号

热继电器的整定电流是指热继电器长期连续工作而不动作的最大电流，整定电流的大小可通过电流整定旋钮来调整。

2. 型号规格

热继电器的型号规格如图 2—3—4 所示，例如，JRS1—12/3 表示 JRS1 系列额定电流 12 A 的三相热继电器。

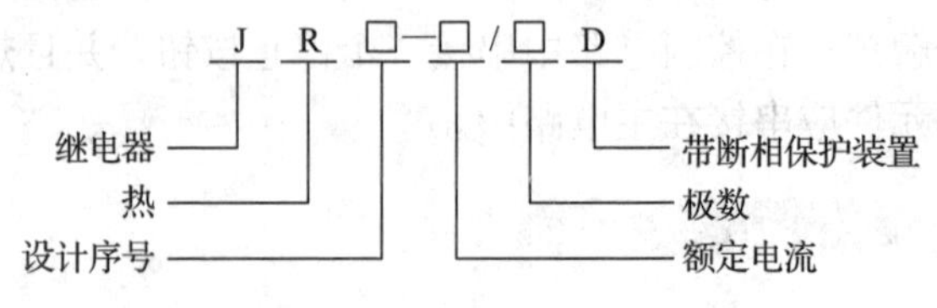

图 2—3—4 热继电器的型号规格

3. 选用方法

（1）选类型。一般情况下，可选择两相或普通三相结构的热继电器，但对于三角形接法的电动机，应选择三相结构并带断相保护功能的热继电器。

（2）选择额定电流。热继电器的额定电流要大于或等于电动机的额定电流。

（3）合理整定热元件的动作电流。一般情况下，将整定电流调整至与电动机的额定电流相等即可。但对于启动时负载较大的电动机，整定电流可略大于电动机的额定电流。

4. 过载保护原理

点动控制属于短时工作方式，因此不需要对电动机进行过载保护。而自锁控制线路中的电动机往往要长时间工作，所以必须对电动机进行过载保护。将热继电器的热元件串联接入主电路，常闭触头串联接入控制电路。当电动机正常工作时，热继电器不动作。当电动机过载且时间较长时，热元件因过电流发热引起温度升高，使双金属片受热膨胀弯曲变形，推动传动推杆使热继电器常闭触头断开，切断控制电路，接触器线圈失电而断开主电路，实现对电动机的过载保护。

由于热继电器的热元件具有热惯性，所以热继电器从过载到触头断开需要延迟一定的时间，即热继电器具有延时动作特性。这正好符合电动机的启动要求，否则电动机在启动过程中也会因过载而断电。但是，正是由于热继电器的延时动作特性，即使负载短路也不会瞬时断开，因此热继电器不能作短路保护。热继电器的复位应在过载断电几分钟后待热元件和双金属片冷却后进行。

二、三相异步电动机自锁控制线路工作原理

在如图 2—3—1 所示电动机自锁控制线路中，组合开关 QS 作为电源隔离开关；熔断器 FU1、FU2 分别作主电路、控制电路的短路保护；启动按钮 SB1 控制接触器 KM 线圈得电，停止按钮 SB2 控制接触器 KM 线圈失电；接触器 KM 的主触头控制电动机 M 的启动与停止，其辅助常开触头（3、4）与启动按钮并联，起自锁作用，称为自锁触头。

线路的工作原理如下：

合上电源开关 QS。

启动：按下SB1→KM线圈得电→KM主触头闭合→电动机M启动连续运转
　　　　　　　　　　　　　→KM辅助常开触头闭合

停止：按下SB2→KM线圈失电→KM主触头分断→电动机M失电停转
　　　　　　　　　　　　　→KM辅助常开触头分断

自锁控制线路具有欠电压和失电压保护作用。

1. 欠电压保护

欠电压是指线路电压低于电动机的额定电压。欠电压保护是指当线路电压下降到某一数值时，电动机能自动脱离电源停转，避免电动机在欠电压状态下运行的一种保护。当线路电压下降到一定值（一般指低于额定电压的 85%）时，接触器线圈两端的电压也同样下降，从而使接触器线圈磁通减弱，产生的电磁吸力减小。当电磁吸力减小到小于反作用弹簧的张力时，动铁心被迫释放，主触头和自锁触头同时分断，自动切断主电路和控制电路，使电动机失电停转。

2. 失电压保护

失电压保护是指电动机在正常运行中，当电网突然断电时，能自动切断电动机电源，当重新供电时，保证电动机不能自行启动的一种保护。因为接触器自锁触头在电网断电时已经分断，所以当电网恢复供电时，电动机不会自行启动，保证了人身和设备的安全。

三、排除控制线路故障的方法

若控制线路通电后操作达不到控制要求，则说明控制线路存在故障，应根据控制线路工作原理分析和判断故障原因，确定故障部位。例如，故障现象为按下启动按钮后，电动机不运转，应先检查接触器是否动作。若接触器通电动作，则故障存在于主电路，应检查主电路中三相交流电是否断路；若接触器未通电，则故障存在于控制电路，应检查控制电路是否断路。

排除故障可用通电检查法和断电检查法。当主电路出现故障时可使用通电法，用验电笔或万用表交流电压挡分别测量设备与元件的输入电压和输出电压。例如，熔断器输入有电压而输出没有电压，则一定是熔断器断路。当控制电路出现故障时断开控制线路电源，用万用表欧姆挡分别测量启动按钮两端与控制电路电源端的连线，正常时均应导通，若线路导通，则可能是启动按钮损坏。若按下启动按钮时电动机运转，松开启动按钮时电动机自行停止，则一定是自锁触头损坏或接线断开。

任务实施

一、准备工作

1. 工具

电工工具1套（验电笔、一字和十字旋具、钢丝钳、尖嘴钳、斜口钳、剥线钳等）。

2. 仪表

万用表1块。

3. 设备与器材

控制板、线槽、接线排、各种规格软线和紧固件、金属软管、编码套管等。设备与器材明细见表2—3—1。

表2—3—1 设备与器材明细表

序号	代号	名称	型号与规格	数量
1	M	三相电动机	根据实习设备自定	1
2	QS	电源开关	HZ10—25/3	1
3	FU1	熔断器	RL1—60/20，配熔体20 A	3
4	FU2	熔断器	RL1—15/1，配熔体1 A	2
5	KM	接触器	CJX1—9/22，线圈电压380 V	1
6	KH	热继电器	JR16—20/3	1
7	SB1、SB2	按钮	LA39B—11	2
8		连接导线	BVR—1.5 mm^2塑料软铜线	若干

二、操作步骤与要领

1. 线路图识读

识读三相异步电动机自锁控制线路图，明确电路所用电气设备与元件及其作用，熟悉线路的工作原理。

2. 设备与元件检查

按表 2—3—1 配齐所用电气设备与元件，并进行质量检查。

（1）根据电气设备与元件明细表，检查各设备与元件的型号与规格是否一致。

（2）检查各设备与元件的外观是否完整无损，附件是否齐全。

（3）用仪表检查各设备与元件和电动机的有关技术数据是否符合要求。

（4）调节热继电器的电流整定旋钮，使整定电流值等于电动机的额定电流。

3. 线路安装

按照图 2—3—5 所示将设备与元件用紧固件安装在控制板上，在布线通道上安装走线槽，并标上醒目的文字符号。接线并进行线路检查。

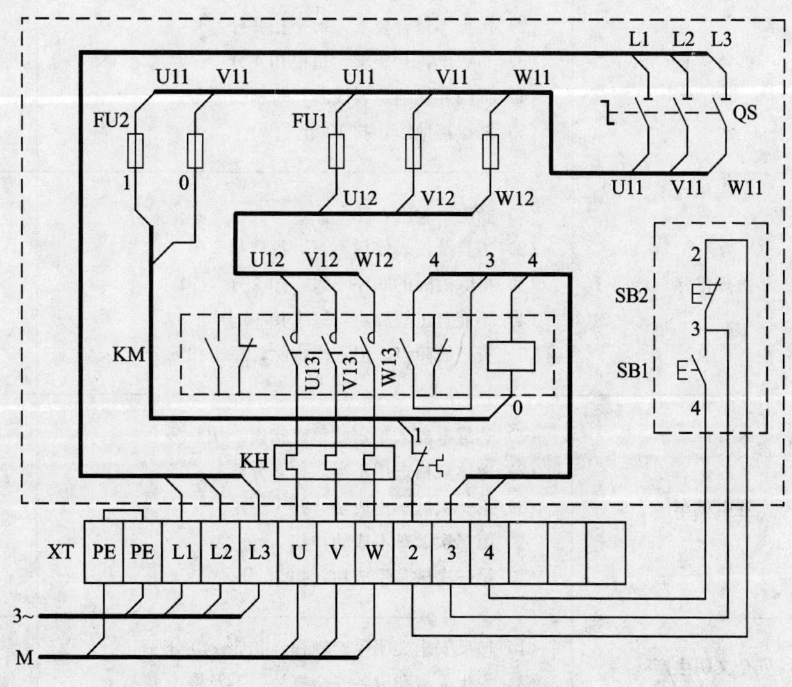

图 2—3—5　自锁控制线路接线图

4. 通电试车

通电试车必须经过指导老师的批准。为确保人身安全，在通电试车时，要认真执行安全操作规程，一人监护，一人操作。试车前，应检查与通电试车有关的电气设备是否有不安全的因素存在，若查出应立即整改，排除不安全因素后才能试车。

（1）合上电源开关 QS。

(2) 启动。按下启动按钮 SB1，电动机 M 通电运转。

(3) 停止。按下停止按钮 SB2，电动机 M 失电停转。

(4) 停止使用时，断开电源开关 QS。

任务评价

评分标准

序号	项目内容	评分标准	配分	得分
1	设备与元件检查	电气设备与元件漏检或错检，每处扣 1 分	10	
2	线路安装	(1) 不按接线图安装，扣 15 分 (2) 设备与元件安装不牢固，每只扣 5 分 (3) 设备与元件安装不整齐、不匀称，每只扣 3 分 (4) 损坏设备与元件，每只扣 10～15 分	20	
3	线路检查	(1) 不按电路图接线，扣 20 分 (2) 接点不符合要求，每个扣 2 分 (3) 布线不符合要求，每根扣 4 分 (4) 损伤导线绝缘或线芯，每根扣 5 分 (5) 漏接接地线，扣 10 分	30	
4	故障排除	(1) 断电不验电，扣 5 分 (2) 工具及仪表使用不当，每次扣 5 分 (3) 排除故障的顺序不对，扣 5 分 (4) 不能查出故障点，每个扣 10 分 (5) 查出故障点，但不能排除，每个扣 5 分	20	
5	通电试车	(1) 热继电器未整定或整定错误，扣 5 分 (2) 熔体规格选用不当，扣 5 分 (3) 第一次试车不成功，扣 10 分 第二次试车不成功，扣 15 分 第三次试车不成功，扣 20 分	20	
6	安全文明生产	(1) 违反安全文明生产规程，扣 5～40 分 (2) 发生人身和设备安全事故，不及格		
7	定额时间	3 h，超时扣 5 分		
8	备注	合计	100	

思考与练习

1. 什么是热继电器的整定电流？如何调节整定电流？

2. 试分析判断如图 2—3—6 所示的各控制电路能否实现自锁控制。若不能，说明故障现象和原因。

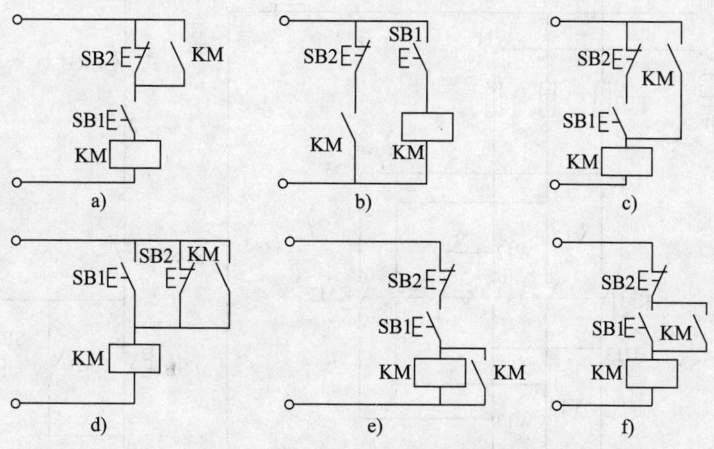

图 2—3—6　思考与练习题 2 图

3. 什么是接触器自锁控制线路的欠电压保护和失电压保护？

4. 如果自锁控制线路只能点动而不能连续运转，产生故障的原因是什么？

5. 简述热继电器的过载保护功能。

任务 4　三相异步电动机正反转控制线路的装调

◆ **技能点**

◎ 三相异步电动机正反转控制线路的装调与操作

◆ **知识点**

◎ 低压断路器

◎ 接触器联锁正反转控制线路

◎ 按钮和接触器双重联锁正反转控制线路

任务提出

许多生产机械往往要求运动部件正反两个方向都能运动。例如，机床工作台的前进或后退，起重机吊钩的上升或下降等，这些生产机械的运动形式就是通过对电动机的正反转控制来实现的。本任务要求对如图 2—4—1 所示三相异步电动机正反转控制线路进行装调。电动机正反转控制的操作为：按下正转按钮 SB1，电动机正转；按下停止按钮 SB3，电动机停止；按下反转按钮 SB2，电动机反转。如果达不到控制要求，则进行检查和排除电路故障，直至达到预定的控制要求为止。

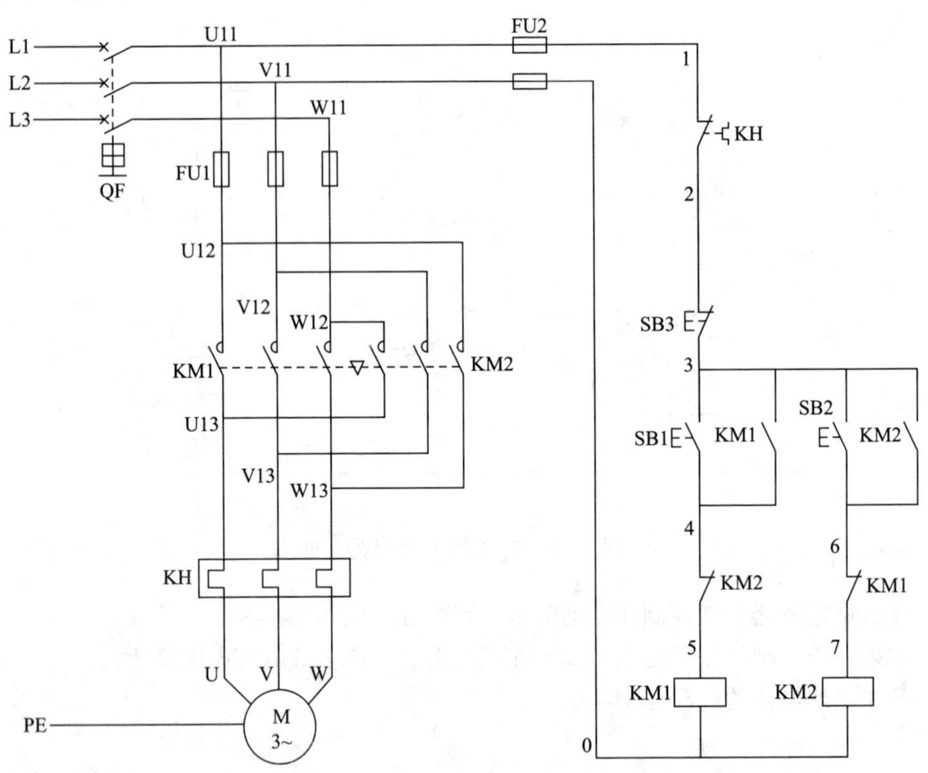

图 2—4—1 接触器联锁正反转控制线路

任务分析

要装调三相异步电动机正反转控制线路，首先应该安装好两只接触器的自锁控制线路，检查无误后再安装联锁线路，这两部分线路应反复核对，不可接错。最后进行通电操作，检查电动机是否按控制要求运行或停止。

在装调三相异步电动机的正反转控制线路时，需要注意的是起联锁作用的 KM1 常闭触头与 KM2 线圈是串联的，起联锁作用的 KM2 常闭触头与 KM1 线圈是串联的，接线中不能将其接反。

相关知识

一、低压断路器

低压断路器又称为自动空气开关，简称断路器。它集控制和保护功能于一体，在电路正常工作时，作为电源开关进行不频繁的接通和分断电路；而在电路发生短路和过载等故障时，又能自动切断电路，起到保护作用，有的断路器还具备漏电保护和欠电压保护功能。低压断路器外形结构紧凑、体积小，采用导轨安装，目前常用于电气设备中取代组合开关、熔断器和热继电器。常用的 DZ 系列低压断路器如图 2—4—2 所示。

a)

b)

c)

图 2—4—2　常用低压断路器

a）DZ47—63　b）DZ5　c）DZ47—100

1. DZ5 系列低压断路器的内部结构和电路符号

DZ5 系列低压断路器的内部结构以及断路器的电路符号如图 2—4—3 所示。它主要由动触头、静触头、操作机构、灭弧装置、保护机构及外壳等部分组成，其中保护机构由热脱扣器（起过载保护作用）和电磁脱扣器（起短路保护作用）构成。

a)

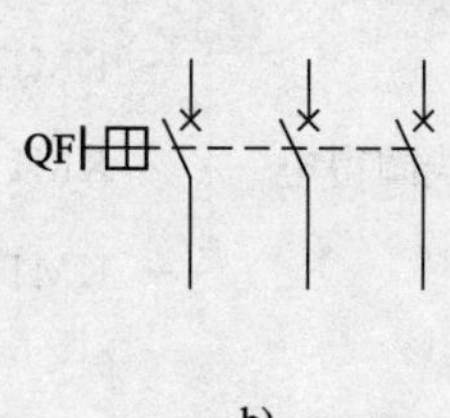

b)

图 2—4—3　DZ5 系列低压断路器的内部结构和电路符号

a）内部结构图　b）通用电路符号

2. 型号规格

DZ5 系列低压断路器的型号规格如图 2—4—4 所示，例如，DZ5—20/330 表示额定电流 20 A 的三极塑壳式断路器。

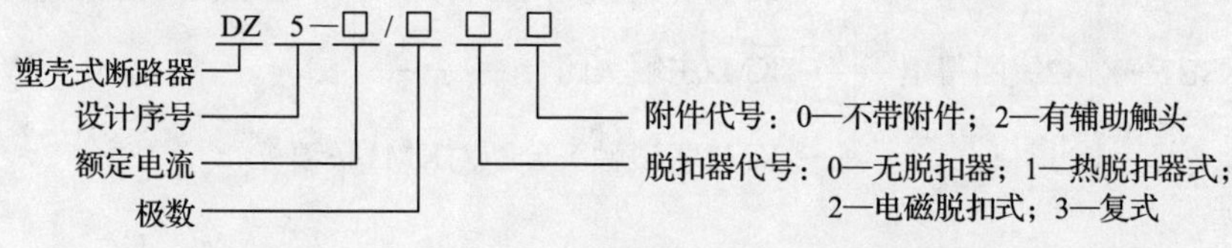

图 2—4—4　DZ5 系列低压断路器的型号规格

3. 选用方法

（1）低压断路器的额定电压和额定电流应大于或等于线路的工作电压和工作电流。

（2）热脱扣器的额定电流应大于或等于线路的最大工作电流。

（3）热脱扣器的整定电流应等于被控制线路正常工作电流或电动机的额定电流。

二、接触器联锁正反转控制线路

如图 2—4—1 所示的正反转控制线路中使用了两个接触器，即正转接触器 KM1 和反转接触器 KM2。从主电路中可以看出，这两个接触器主触头的电源相序不同，KM1 按 L1—L2—L3 相序接线，KM2 则按 L3—L2—L1 相序接线。相应的控制电路也有两条，一条是由按钮 SB1 和线圈 KM1 等组成的正转自锁控制电路，另一条是由按钮 SB2 和线圈 KM2 等组成的反转自锁控制电路。

必须指出，接触器 KM1 和 KM2 的主触头绝不允许同时闭合，否则将造成两相电源（L1、L3）短路事故。为了避免两个接触器 KM1 和 KM2 同时得电动作，在正、反转控制电路中分别串接了对方接触器的一对辅助常闭触头，这样，当一个接触器得电动作时，其辅助常闭触头断开，使另一个接触器不能得电动作，接触器之间这种相互制约的作用称为接触器联锁。实现联锁作用的触头称为联锁触头。接触器联锁符号用“▽”表示。

接触器联锁正反转控制线路工作原理如下：

合上电源开关 QF。

1. 正转控制

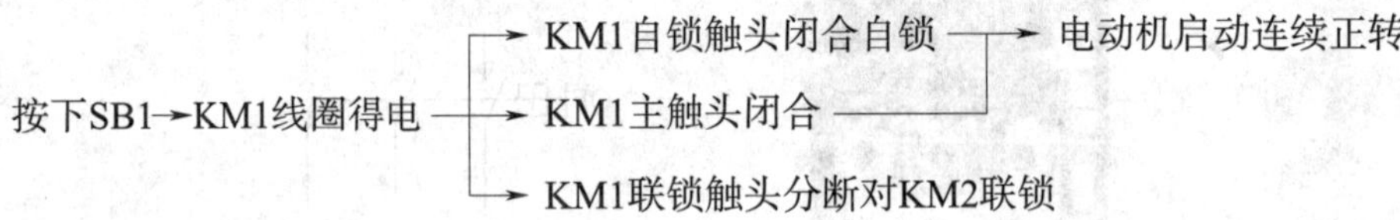

2. 停止控制

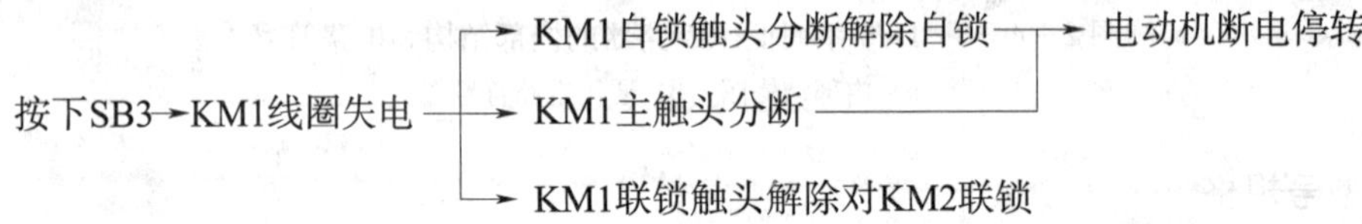

3. 反转控制

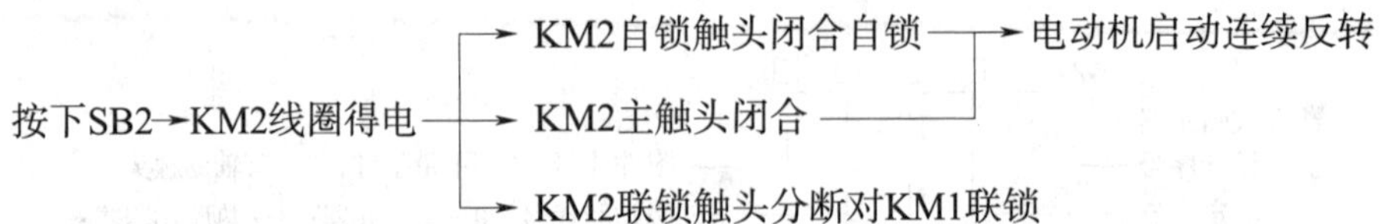

三、按钮和接触器双重联锁正反转控制线路

双重联锁的正反转控制线路如图 2—4—5 所示。将正反转复合按钮的常闭触头与对方控制电路串联，就构成了接触器和按钮双重联锁的正反转控制线路，在改变电动机转向时不需要按下停止按钮，适用于要求换向迅速的场合。

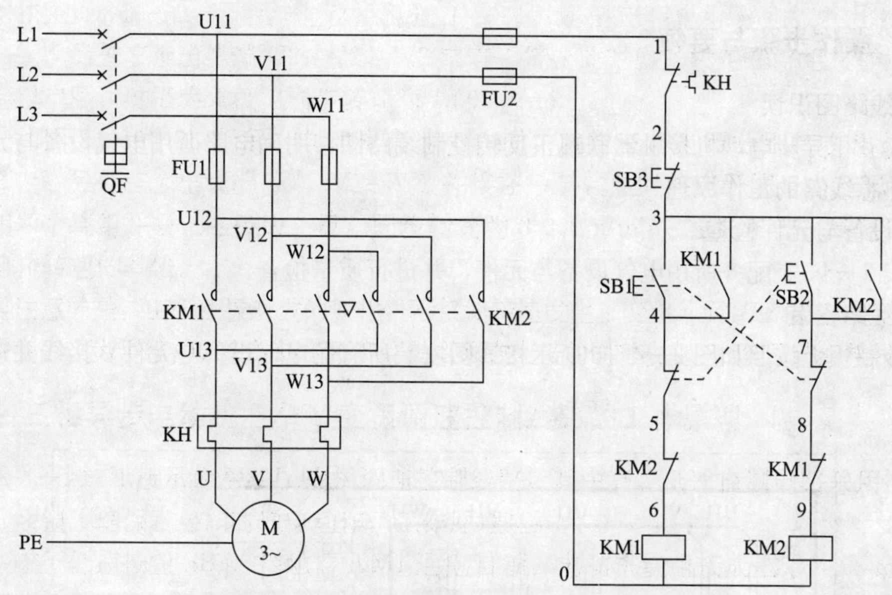

图 2—4—5　按钮和接触器双重联锁正反转控制线路

任务实施

一、准备工作

1. 工具

电工工具 1 套（验电笔、一字和十字旋具、钢丝钳、尖嘴钳、斜口钳、剥线钳等）。

2. 仪表

万用表 1 块。

3. 设备与器材

控制板、线槽、接线排、各种规格软线和紧固件、金属软管、编码套管等。设备与器材明细见表 2—4—1。

表 2—4—1　　**设备与器材明细表**

序号	代号	名称	型号与规格	数量
1	M	三相电动机	根据实习设备确定	1
2	QF	断路器	DZ5—20/330	1
3	FU1	熔断器	RL1—60/20，配熔体 20 A	3
4	FU2	熔断器	RL1—15/1，配熔体 1 A	2
5	KM1、KM2	接触器	CJX1—9/22，线圈电压 380 V	2
6	KH	热继电器	JR16—20/3	1
7	SB1～SB3	按钮	LA39B—11	3
8		连接导线	BVR—1.5 mm^2 塑料软铜线	若干

二、操作步骤与要领

1. 线路图识读

识读三相异步电动机接触器联锁正反转控制线路图，明确电路所用电气设备与元件及其作用，熟悉线路的工作原理。

2. 设备与元件检查

按表 2—4—1 配齐所用电气设备与元件，并进行质量检查。

3. 线路安装

在控制板上按照如图 2—4—6 所示接线图安装所有的电气设备与元件。接线并进行线路检查。

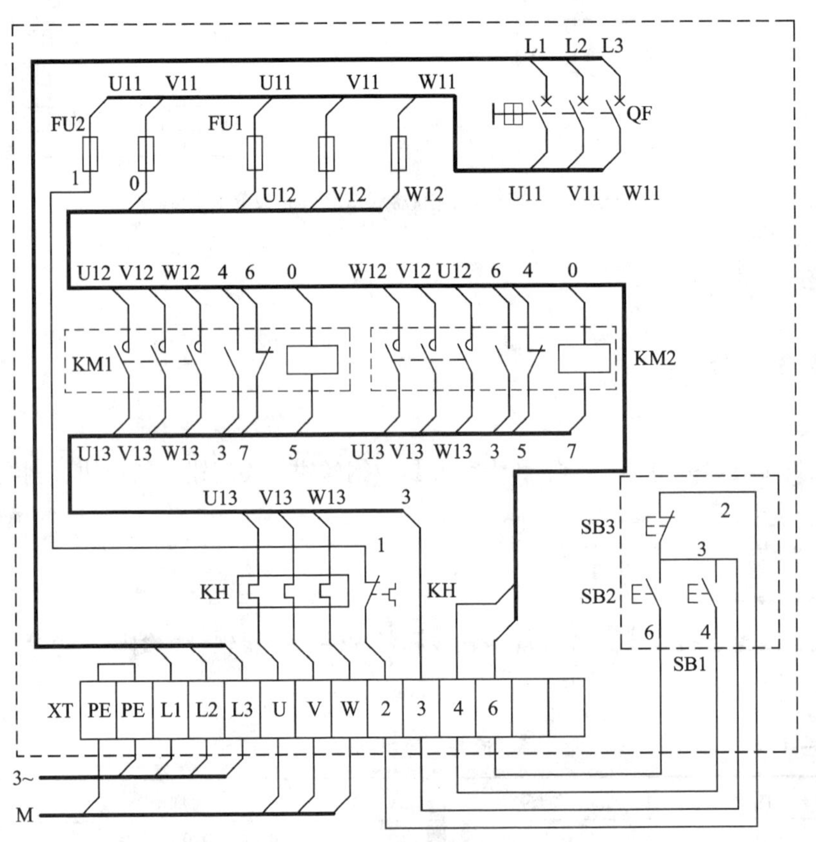

图 2—4—6 接触器联锁正反转控制线路接线图

4. 通电试车

为确保人身安全，在通电试车时，要认真执行安全操作规程的有关规定，经指导教师检查合格后进行通电操作。

（1）合上电源开关 QF。

（2）按下正转按钮 SB1，交流接触器 KM1 通电，电动机 M 通电正转运行。

（3）按下停止按钮 SB3，交流接触器 KM1、KM2 均断电，电动机 M 断电停止。

（4）按下反转按钮 SB2，交流接触器 KM2 通电，电动机 M 通电反转运行。
（5）操作完毕，关断电源开关 QF。

任务评价

评分标准

序号	项目内容	评分标准		配分	得分
1	设备与元件检查	电气设备与元件漏检或错检，每处扣 1 分		10	
2	线路安装	（1）不按接线图安装，扣 15 分 （2）设备与元件安装不牢固，每只扣 5 分 （3）设备与元件安装不整齐、不匀称，每只扣 3 分 （4）损坏设备与元件，每只扣 10～15 分		20	
3	线路检查	（1）不按电路图接线，扣 20 分 （2）接点不符合要求，每个扣 2 分 （3）布线不符合要求，每根扣 4 分 （4）损伤导线绝缘或线芯，每根扣 5 分 （5）漏接接地线，扣 10 分		30	
4	故障排除	（1）断电不验电，扣 5 分 （2）工具及仪表使用不当，每次扣 5 分 （3）排除故障的顺序不对，扣 5 分 （4）不能查出故障点，每个扣 10 分 （5）查出故障点，但不能排除，每个扣 5 分		20	
5	通电试车	（1）热继电器未整定或整定错误，扣 5 分 （2）熔体规格选用不当，扣 5 分 （3）第一次试车不成功，扣 10 分 第二次试车不成功，扣 15 分 第三次试车不成功，扣 20 分		20	
6	安全文明生产	（1）违反安全文明生产规程，扣 5～40 分 （2）发生人身和设备安全事故，不及格			
7	定额时间	3 h，超时扣 5 分			
8	备注		合计	100	

思考与练习

1. 低压断路器具有哪些功能？
2. 接触器自锁触头具有什么特点？接触器联锁触头具有什么特点？
3. 在电动机正反转控制线路中为什么必须要有接触器联锁控制？
4. 双重联锁控制适用于什么场合？

5. 试分析判断如图 2—4—7 所示各控制电路能否实现正反转控制。若不能，说明原因。

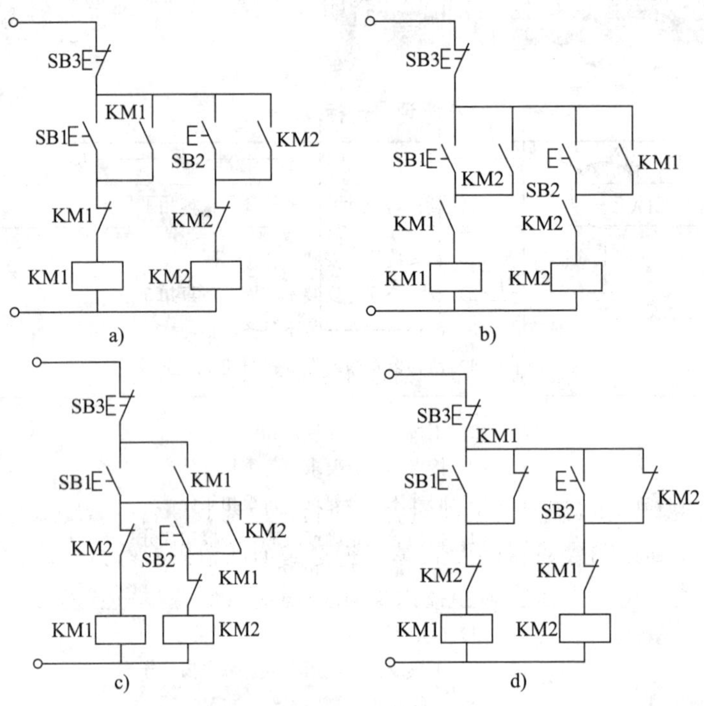

图 2—4—7 思考与练习题 5 图

任务 5 三相异步电动机自动往返控制线路的装调

◆ **技能点**

◎ 三相异步电动机自动往返控制线路的装调与操作

◆ **知识点**

◎ 行程开关

◎ 自动往返控制线路的工作原理

任务提出

在机床加工中，平面磨床的工作台通过自动往返控制，实现砂轮对放置在往返工作台上工件的反复多次磨削。自动往返工作台如图 2—5—1 所示，在设备机身上安装了四个行程开关 SQ1～SQ4，其中 SQ1、SQ2 起换向作用，当工作台运动到换向位置时，挡铁撞击行程开关，电动机换向，使工作台自动往返运动。SQ3、SQ4 起终端限位保护作用，以防止 SQ1、SQ2 损坏时，工作台越过极限位置而造成事故。

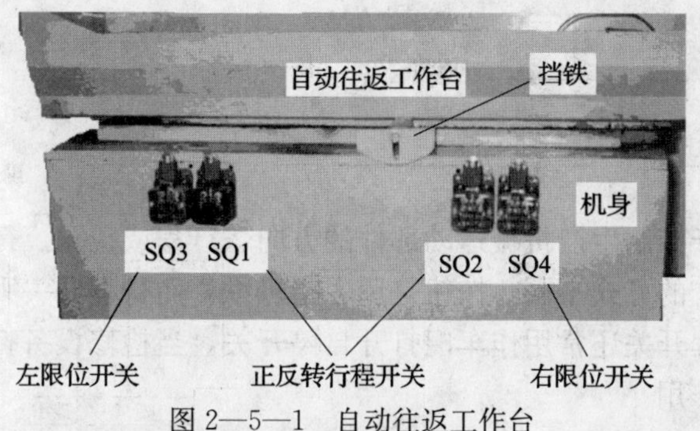

图 2—5—1　自动往返工作台

本任务要求对如图 2—5—2 所示的工作台自动往返控制线路进行装调。线路中起换向作用的行程开关 SQ1 和 SQ2 为复合开关，动作时其常闭触头先断开对方控制电路，然后其常开触头接通自身控制电路，实现自动换向功能。当工作台越位时行程开关 SQ3 或 SQ4 动作，切断控制电路，电动机停止。

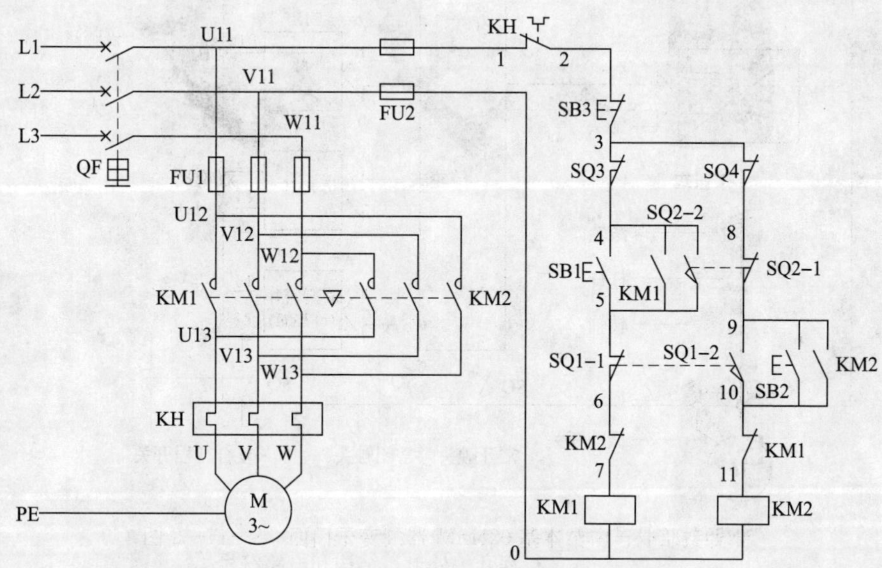

图 2—5—2　工作台自动往返控制线路

任务分析

要安装工作台自动往返控制线路，首先必须学习在生产机械运动部件中能够使行程或位置受到限制的电气元件——在控制电路中起自动换向和终端限位保护功能的行程开关。然后，在电动机正反转控制线路的基础上加装行程开关来完成自动往返控制线路，其控制线路工作原理的分析方法和线路装调与正反转控制线路相同。

在安装工作台自动往返控制线路时，特别注意在设备规定位置上安装行程开关，检查、调整挡块与行程开关滚轮的相对位置，保证控制动作准确可靠。作为终端限位保护的行程开关的常闭触头必须串联在控制电路中；作为自动换向功能的行程开关的常开触头必须并接在接触器自锁触头两端，常闭触头串接在另一方向的控制电路中。安装结束后用手触动行程开关，进行工作台自动往返的模拟操作。

相关知识

一、行程开关

行程开关主要用于控制生产机械运动部件的方向、行程或位置。行程开关与按钮的作用相同，但引起两者动作的方式不同，按钮是用手指操纵，而行程开关则是依靠运动部件的挡铁碰撞而动作的。行程开关还常用作车门打开自停开关，当检修设备打开车门时自动切断控制电路，起安全保护作用。

1. 外形、结构和电路符号

行程开关的种类很多，在电气设备中常用行程开关的外形、结构和电路符号如图 2—5—3 所示。

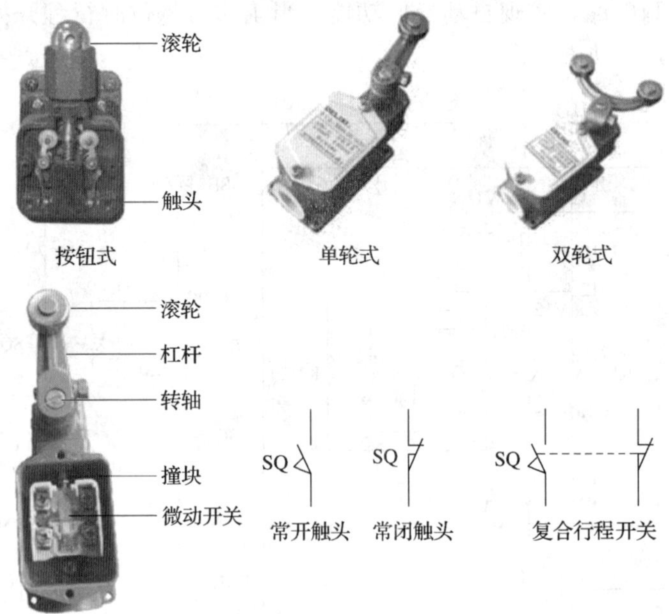

图 2—5—3 行程开关外形、结构和电路符号

2. 型号规格

行程开关的型号规格如图 2—5—4 所示。例如，JLXK1—122 表示单轮旋转式行程开关，2 对常开触头和 2 对常闭触头。通常行程开关触头的额定电压为 380 V，额定电流为 5 A。

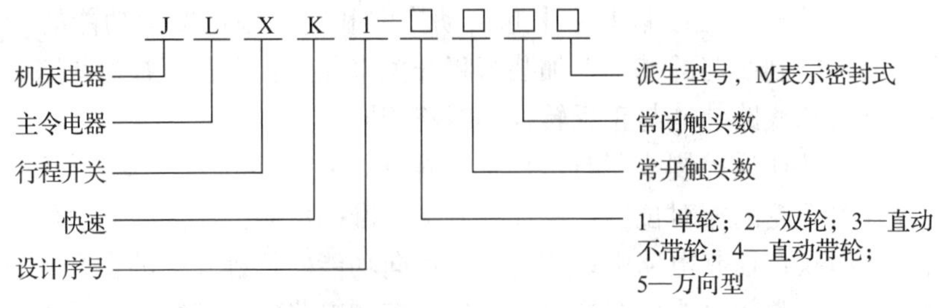

图 2—5—4 行程开关的型号规格

二、自动往返控制线路工作原理

SB1、SB2 分别为正转启动按钮和反转启动按钮，SB3 为停止按钮。SQ1、SQ2 是换向行程开关，安装在需要改变运动方向的位置处。SQ3、SQ4 是限位行程开关，通常安装在运动轨道极限位置处。

如图 2—5—2 所示工作台自动往返控制线路工作原理如下：

合上电源开关 QF。

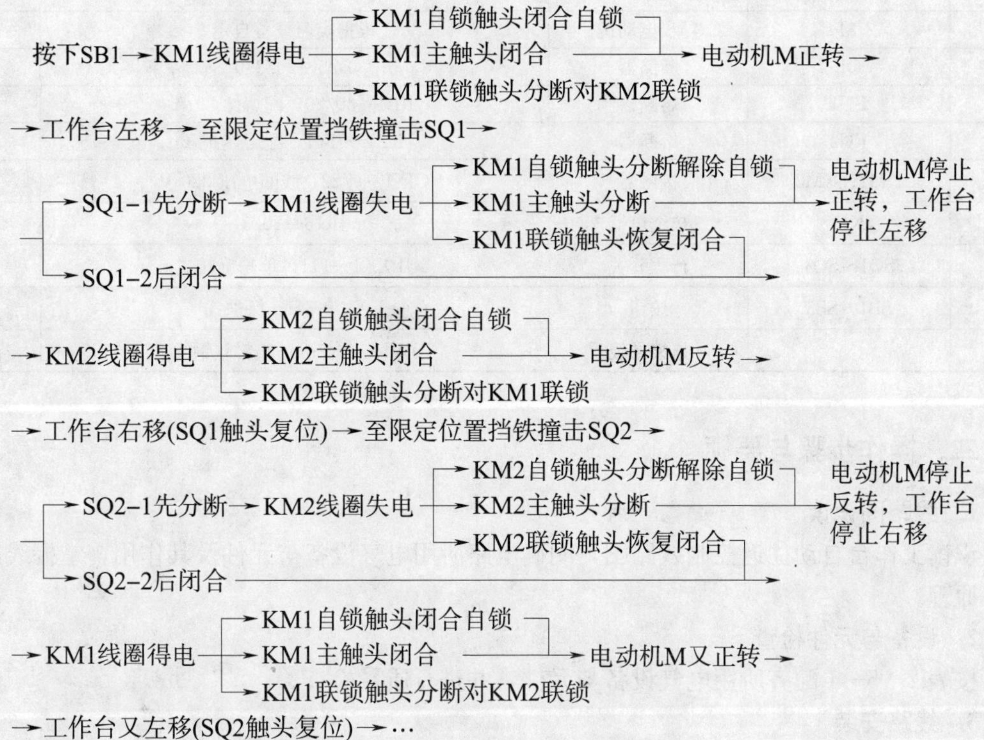

1. 自动往返运动

不断重复上述过程，工作台就在限定的行程内作自动往返运动。

2. 停止

停车时只需按下停止按钮 SB3 即可。

3. 限位保护

换向行程开关损坏后，工作台有可能越过换向位置继续行走，当工作台挡铁撞击限位行程开关时，相应控制电路切断，电动机停止。

任务实施

一、准备工作

1. 工具

电工工具 1 套（验电笔、一字和十字旋具、钢丝钳、尖嘴钳、斜口钳、剥线钳等）。

2. 仪表

万用表 1 块。

3. 设备与器材

控制板、线槽、接线排、各种规格软线和紧固件、金属软管、编码套管等。设备与器材明细见表 2—5—1。

表 2—5—1　设备与器材明细表

序号	代号	名称	型号与规格	数量
1	M	异步电动机	根据实习设备自定	1
2	QF	断路器	DZ5—20/330	1
3	FU1	熔断器	RL1—60/20，配熔体 20 A	3
4	FU2	熔断器	RL1—15/1，配熔体 1 A	2
5	KM1、KM2	接触器	CJX1—9/22，线圈电压 380 V	2
6	KH	热继电器	JR16—20/3	1
7	SQ1～SQ4	行程开关	JLXK1—111，单轮旋转式	4
8	SB1～SB3	按钮	LA10—3H，保护式	3
9		连接导线	BVR—1.5 mm^2 塑料软铜线	若干

二、操作步骤与要领

1. 线路图识读

识读工作台自动往返控制线路图，明确电路所用电气设备与元件及其作用，掌握线路的工作原理。

2. 设备与元件检查

按表 2—5—1 配齐所用电气设备与元件，并进行质量检查。

3. 线路安装

在控制板上按照图 2—5—5 所示安装所有的电气设备与元件，并标上醒目的文字符号。接线并进行线路检查。

4. 通电试车

为确保人身安全，在通电试车时，要认真执行安全操作规程的有关规定，经指导教师检查合格后进行通电操作。

（1）合上电源开关 QF。

（2）按下前进按钮 SB1，交流接触器 KM1 通电，电动机 M 通电正转运行。

（3）拨动前进换向行程开关 SQ1，交流接触器 KM1 断电，电动机 M 断电停止。交流接触器 KM2 通电，电动机 M 通电反转运行。

（4）拨动后退换向行程开关 SQ2，交流接触器 KM2 断电，电动机 M 断电停止。交流接触器 KM1 通电，电动机 M 通电正转运行。

（5）在电动机 M 通电正转运行时拨动前进限位行程开关 SQ3，交流接触器 KM1 断电，电动机 M 断电停止。

图 2—5—5　工作台自动往返控制线路实物板

（6）在电动机 M 通电反转运行时拨动后退限位行程开关 SQ4，交流接触器 KM2 断电，电动机 M 断电停止。

（7）无论电动机处于何种状态，按下停止按钮 SB3，电动机 M 断电停止。

（8）操作完毕，关断电源开关 QF。

任务评价

评 分 标 准

序号	项目内容	评分标准	配分	得分
1	设备与元件检查	电气设备与元件漏检或错检，每处扣 2 分	10	
2	线路安装	（1）不按线路图安装，扣 15 分 （2）设备与元件安装不牢固，每只扣 5 分 （3）设备与元件安装不整齐、不匀称，每只扣 3 分 （4）损坏设备与元件，每只扣 10～15 分	20	
3	线路检查	（1）不按电路图接线，扣 20 分 （2）接点不符合要求，每个扣 2 分 （3）布线不符合要求，每根扣 4 分 （4）损伤导线绝缘或线芯，每根扣 5 分 （5）漏接接地线，扣 10 分	30	
4	故障排除	（1）断电不验电，扣 5 分 （2）工具及仪表使用不当，每次扣 5 分 （3）排除故障的顺序不对，扣 5 分 （4）不能查出故障点，每个扣 10 分 （5）查出故障点，但不能排除，每个扣 5 分	20	

续表

序号	项目内容	评分标准		配分	得分
5	通电试车	(1) 热继电器未整定或整定错误，扣 5 分 (2) 熔体规格选用不当，扣 5 分 (3) 第一次试车不成功，扣 10 分 第二次试车不成功，扣 15 分 第三次试车不成功，扣 20 分		20	
6	安全文明生产	(1) 违反安全文明生产规程，扣 5～40 分 (2) 发生人身和设备安全事故，不及格			
7	定额时间	3 h，超时扣 5 分			
8	备注		合计	100	

思考与练习

1. 什么是行程开关？行程开关与按钮有什么异同？画出行程开关的符号。
2. 行程开关在机床电气控制中起何作用？
3. 自动往返控制线路换向时需要先按下停止按钮吗？

任务 6　三相异步电动机顺序控制线路的装调

◆ **技能点**

◎ 三相异步电动机顺序控制线路的装调与操作

◆ **知识点**

◎ M1、M2 顺序启动，同时停止的控制线路

◎ M1、M2 顺序启动，M2 可单独停止的控制线路

◎ M1、M2 顺序启动，逆序停止的控制线路

任务提出

一台实际生产设备上往往有多台电动机，这些电动机需要按一定的顺序启动或停止，才能满足生产工艺的要求。例如，在万能铣床上，主轴电动机和冷却泵电动机采用的就是顺序控制，即只有在主轴电动机启动后，冷却泵电动机才能启动。这种要求几台电动机的启动和停止必须按一定先后顺序来完成的控制方式，称为电动机的顺序控制。本任务要求对如图 2—6—1 所示三相异步电动机顺序控制线路进行装调。其控制要求是：电动机 M1 启动后，M2 才能启动；而 M2 停止后，M1 才能停止，即 M1、M2 是顺序启动，逆序停止。如果达不到控制要求，则进行检查和排除电路故障，直至达到预定的控制要求为止。

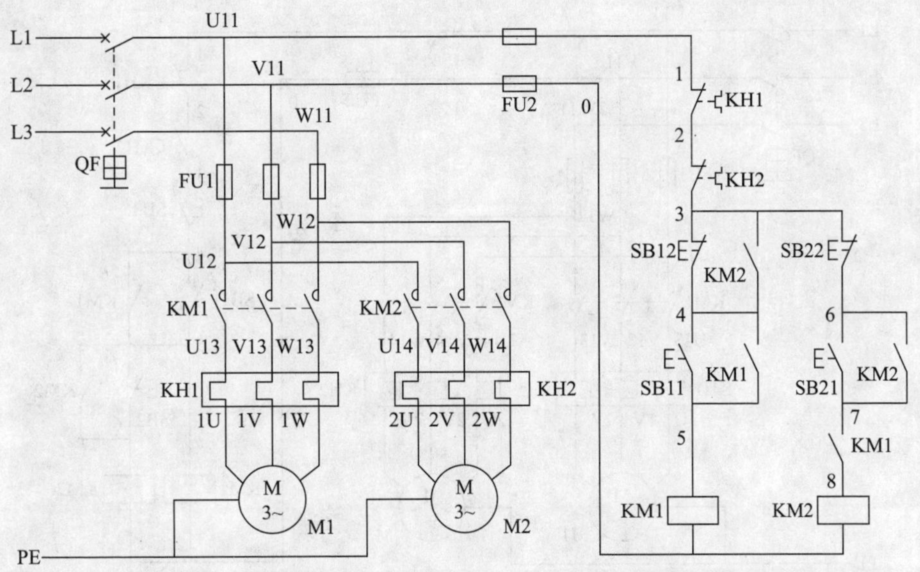

图 2—6—1 M1、M2 顺序启动，逆序停止控制线路

任务分析

在掌握自锁控制的基础上实现多台电动机顺序控制是不难的。能实现这种顺序控制的方法很多，常见的主要有两大类：一种是通过主电路来实现，另一种是通过控制电路来实现。目前大多数是通过控制电路来实现的，通常利用接触器的辅助触头进行顺序控制。由于不同的生产机械设备所需要的工艺要求不同，常见控制电路的顺序控制有以下三种：顺序启动，同时停止；顺序启动，单独停止；顺序启动，逆序停止。

在安装 M1 和 M2 顺序启动、逆序停止控制线路时，首先按照要求安装好两台电动机的自锁控制线路；为了实现电动机启动的先后顺序，在 M2 的控制电路中串接上 KM1 的常开触头；为了实现电动机的逆序停止，又在 M1 的停止按钮两端并接上 KM2 的常开触头，从而保证 M1、M2 顺序启动，逆序停止。

在安装顺序启动、逆序停止控制电路时，需要特别注意的是：电路中所用的辅助触头全部是常开的，切不可将常闭辅助触头误用作顺序控制。

相关知识

一、M1、M2 顺序启动，同时停止的控制线路

M1、M2 顺序启动，同时停止的控制线路如图 2—6—2 所示。此电路的特点是：电动机 M2 的接触器 KM2 线圈电路中串联了 KM1 的常开触头（4、5）。显然，当 M1 不启动时，即使按下按钮 SB2，KM2 线圈也不能得电，从而保证了 M1 启动后，M2 才能启动的控制要求；按下停止按钮时，M1、M2 同时停止。KM1 的常开触头（4、5）有两个作用，一是 KM1 本身自锁，二是联锁控制 KM2。

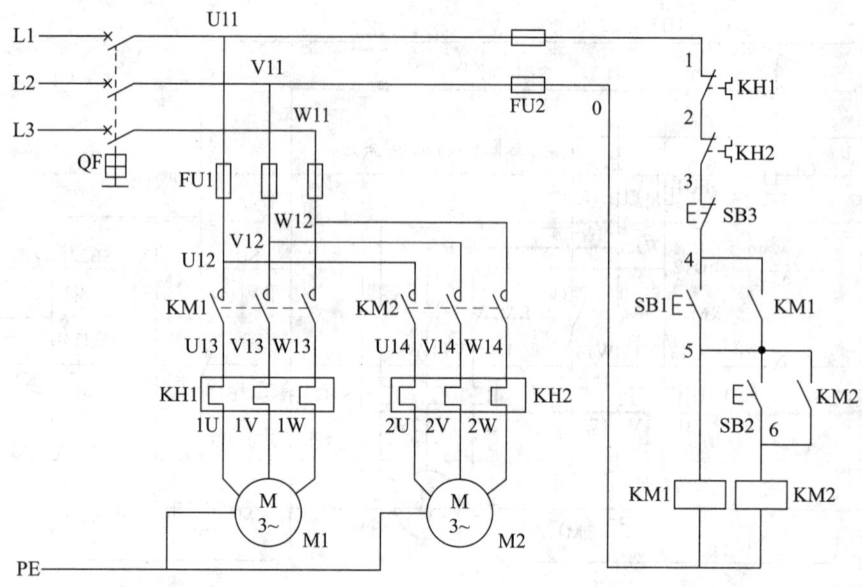

图 2—6—2　M1、M2 顺序启动，同时停止控制线路

二、M1、M2 顺序启动，M2 可单独停止的控制线路

M1、M2 顺序启动，M1、M2 可单独停止的控制线路如图 2—6—3 所示。此电路的特点是：KM2 的线圈电路中串联了 KM1 的常开触头（7、8）。显然，只有 M1 启动后，M2 才能启动；按下 M2 停止按钮 SB22 时，M2 可单独停止；按下 M1 停止按钮 SB12 时，M1、M2 同时停止。KM1 的常开触头（7、8）起联锁控制 KM2 的作用。

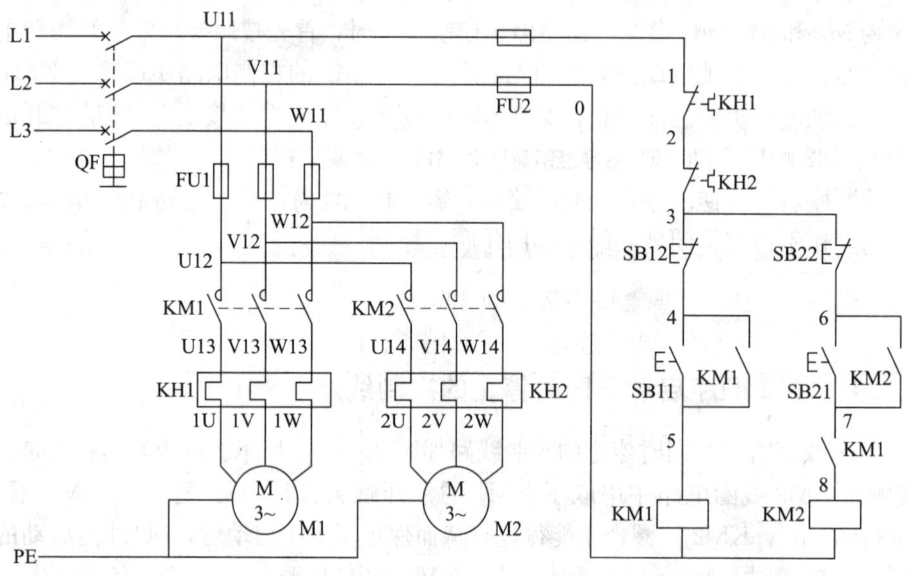

图 2—6—3　M1、M2 顺序启动，M1、M2 可单独停止控制线路

三、M1、M2 顺序启动，逆序停止的控制线路

M1、M2 顺序启动，逆序停止的控制线路如图 2—6—1 所示。此电路的特点是：KM2 的线圈电路串联了 KM1 的常开触头（7、8），KM2 的常开触头（3、4）与 M1 的停止按钮 SB12 并联。实现了电动机 M1 启动后，M2 才能启动；而 M2 停止后，M1 才能停止的控制要求，即 M1、M2 是顺序启动，逆序停止。

任务实施

一、准备工作

1. 工具

电工工具 1 套（验电笔、一字和十字旋具、钢丝钳、尖嘴钳、斜口钳、剥线钳等）。

2. 仪表

万用表 1 块。

3. 设备与器材

控制板、线槽、接线排、各种规格软线和紧固件、金属软管、编码套管等。设备与器材明细见表 2—6—1。

表 2—6—1　　设备与器材明细表

序号	代号	名称	型号与规格	数量
1	M1、M2	异步电动机	根据实习设备自定	2
2	QF	断路器	DZ5—20/330	1
3	FU1	熔断器	RL1—60/20，配熔体 20 A	3
4	FU2	熔断器	RL1—15/1，配熔体 1 A	2
5	KM1、KM2	接触器	CJX1—9/22，线圈电压 380 V	2
6	KH1、KH2	热继电器	JR16—20/3	2
7	SB11～SB22	按钮	LA10—3H，保护式	4
8		连接导线	BVR—1.5 mm^2 塑料软铜线	若干

二、操作步骤与要领

1. 线路图识读

识读三相异步电动机顺序控制线路图，明确电路所用电气设备与元件及其作用，熟悉线路的工作原理。

2. 设备与元件检查

按表 2—6—1 配齐所用电气设备与元件，并进行质量检查。

3. 线路安装

在控制板上根据图 2—6—1 所示线路图安装所有的电气设备与元件，并标上醒目的文字符号。接线并进行线路检查。

4. 通电试车

为确保人身安全，在通电试车时，要认真执行安全操作规程的有关规定，经指导教师检查合格后进行通电操作。

(1) 合上电源开关 QF。

(2) 启动时先按下按钮 SB11，M1 启动；再按下按钮 SB21，M2 启动。

(3) 停止时先按下按钮 SB22，M2 停止；再按下按钮 SB12，M1 停止。

(4) 停止后断开电源开关 QF。

任务评价

评分标准

序号	项目内容	评分标准		配分	得分
1	设备与元件检查	电气设备与元件漏检或错检，每处扣 1 分		10	
2	线路安装	(1) 不按线路图安装，扣 15 分 (2) 设备与元件安装不牢固，每只扣 5 分 (3) 设备与元件安装不整齐、不匀称，每只扣 3 分 (4) 损坏设备与元件，每只扣 10～15 分		20	
3	线路检查	(1) 不按电路图接线，扣 20 分 (2) 接点不符合要求，每个扣 2 分 (3) 布线不符合要求，每根扣 4 分 (4) 损伤导线绝缘或线芯，每根扣 5 分 (5) 漏接接地线，扣 10 分		30	
4	故障排除	(1) 断电不验电，扣 5 分 (2) 工具及仪表使用不当，每次扣 5 分 (3) 排除故障的顺序不对，扣 5 分 (4) 不能查出故障点，每个扣 10 分 (5) 查出故障点，但不能排除，每个扣 5 分		20	
5	通电试车	(1) 热继电器未整定或整定错误，扣 5 分 (2) 熔体规格选用不当，扣 5 分 (3) 第一次试车不成功，扣 10 分 第二次试车不成功，扣 15 分 第三次试车不成功，扣 20 分		20	
6	安全文明生产	(1) 违反安全文明生产规程，扣 5～40 分 (2) 发生人身和设备安全事故，不及格			
7	定额时间	3 h，超时扣 5 分			
8	备注		合计	100	

思考与练习

1. 试绘出两台电动机顺序启动，同时停止控制线路图。
2. 试绘出两台电动机顺序启动，逆序停止控制线路图。

任务7　三相异步电动机Y—△降压启动控制线路的装调

◆ 技能点

◎ 三相异步电动机Y—△降压启动控制线路的装调与操作

◆ 知识点

◎ 时间继电器

◎ Y—△降压启动控制线路的工作原理

任务提出

前面介绍的各种控制线路启动时，加在电动机定子绕组上的电压均为电动机的额定电压，称为全压启动。全压启动的优点是线路简单，但启动电流较大，一般为电动机额定电流的4～7倍。在生产实际中，如M7475B型平面磨床上的砂轮电动机，由于容量较大，采用的是Y—△降压启动；T610型镗床的主轴电动机也采用Y—△降压启动。Y—△降压启动即启动时把定子绕组接为Y形，启动结束后把定子绕组接成△形。Y—△降压启动可使启动时电源线电流减少为全压启动的1/3，有效地避免了过大电流对供电电路的影响。为了便于操作，通常利用时间继电器自动实现Y形启动转为△形运转。本任务要求对如图2—7—1所示三相异步电动机Y—△降压启动控制线路进行装调，其控制要求是：合上电源开关QF，按下启动按钮SB1，电动机接成Y形接法降压启动，经过一定时间后，电动机接成△形接法全压运行；按下停止按钮SB2，电动机停止。如果达不到控制要求，则进行检查和排除电路故障，直至达到预定的控制要求为止。

任务分析

完成本任务需要掌握的基础知识是三相交流负载的星形联结、三角形联结以及三相线电压、线电流和功率的计算方法。用于Y—△降压启动控制线路的电动机通常是3 kW以上的电动机，额定电压为380 V，在电动机接线盒内必须有6个绕组引出线端子且定子绕组在△形接法时的额定电压等于三相电源线电压。

在安装三相异步电动机Y—△降压启动控制线路时，首先要分清电动机同相绕组的首端与末端，接线时要保证电动机△形接法的正确性，即接触器$KM_{\triangle}$主触头闭合时，应保证定子绕组的U1与W2、V1与U2、W1与V2相连接；接触器KM_{Y}的进线必须从三相定子绕组的末端引入，防止错接造成三相电源短路事故，并事先设定好时间继电器的延时时间。

相关知识

一、时间继电器

时间继电器是一种利用电磁或机械原理来延迟触头动作时间的控制电器，常用的有晶体

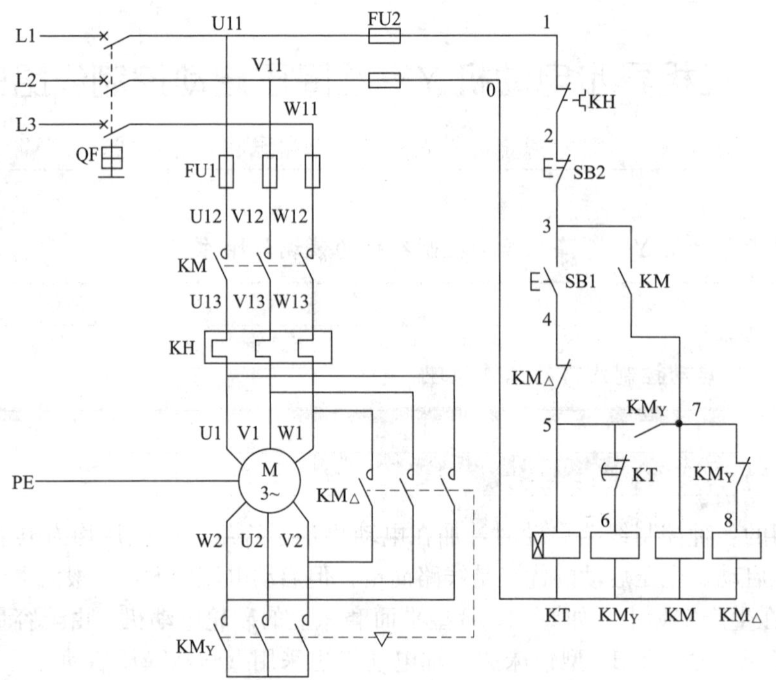

图 2—7—1 Y—△降压启动控制线路

管式和空气阻尼式等。如图 2—7—2a、b、c 所示分别为 JS14－A 系列晶体管式时间继电器的外形、内部构件和操作面板，如图 2—7—2d、e、f 所示分别为 JS7－A 系列空气阻尼式时间继电器的外形与内部结构。

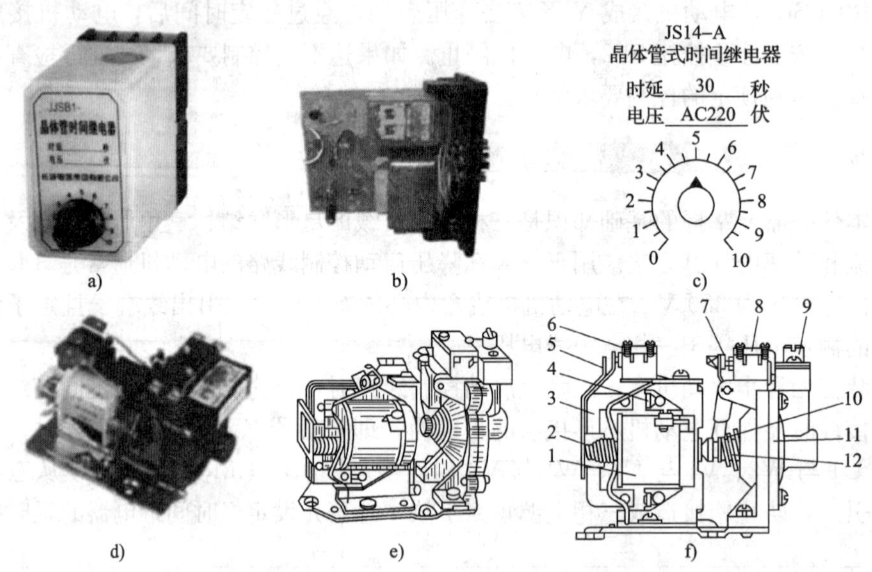

图 2—7—2 时间继电器

a）JS14－A 系列晶体管式时间继电器的外形 b）内部构件 c）操作面板

d）JS7－A 系列空气阻尼式时间继电器的外形 e）外形 f）内部结构

1—线圈 2—反力弹簧 3—衔铁 4—铁心 5—弹簧片 6—瞬时触头

7—杠杆 8—延时触头 9—调节螺钉 10—推杆 11—空气室 12—宝塔形弹簧

时间继电器按延时特性分为通电延时型和断电延时型两类。通电延时型是指电磁线圈通电后触头延时动作，断电延时型是指电磁线圈断电后触头延时动作。通常在时间继电器上既有延时触头也有瞬时触头。

1. 通电延时型时间继电器

通电延时型时间继电器的电路符号如图 2—7—3 所示。

图 2—7—3　通电延时型时间继电器的电路符号

2. 断电延时型时间继电器

断电延时型时间继电器的电路符号如图 2—7—4 所示。

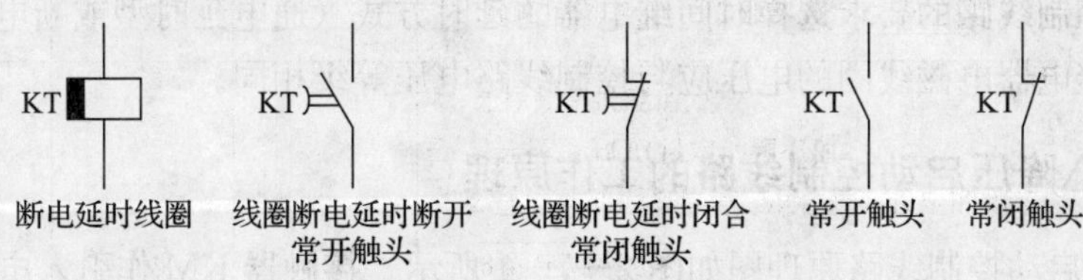

图 2—7—4　断电延时型时间继电器的电路符号

3. 型号规格（见图 **2—7—5**）

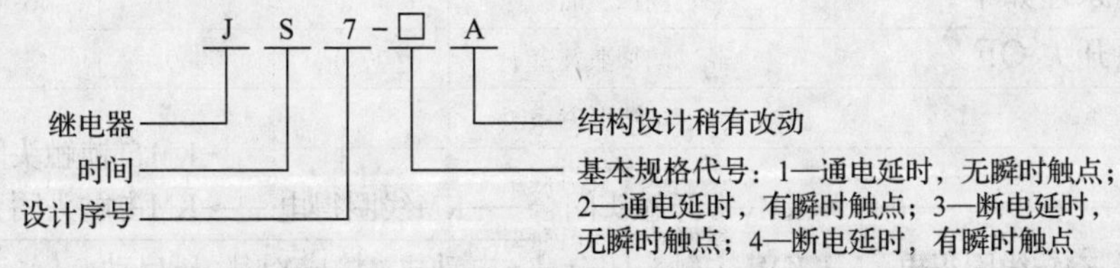

图 2—7—5　时间继电器的型号规格

4. 晶体管式时间继电器

晶体管式时间继电器延时精度高，时间长，调节方便。例如，图 2—7—2c 所示的晶体管式时间继电器的延时规格为 30 s，刻度调节范围 0～10，图中所示调节旋钮指向刻度 5，表示延时时间为 15 s。JS20－D 是断电延时型晶体管式时间继电器的型号。

主要技术数据为：

（1）供电电压：交流（36 V、110 V、220 V、380 V）；直流（24 V、27 V、30 V、36 V、110 V、220 V）。

（2）延时规格：5 s、10 s、30 s、60 s、120 s、180 s；5 min、10 min、20 min、30 min、60 min。

5. 空气阻尼式时间继电器

JS7－A 系列空气阻尼式时间继电器主要由电磁系统、工作触头和气室三部分组成。工作触头包括 2 对瞬时触头（1 常开 1 常闭）和 2 对延时触头（1 常开 1 常闭）。

空气阻尼式时间继电器是利用气室内的空气通过小孔节流的原理来获得延时动作的。通电延时型的工作原理是：当电磁线圈通电后，动铁心吸合，瞬时触头立即动作，而与气室相紧贴的橡皮膜随进入气室的空气量而开始移动，通过推杆使延时触头延时一定时间后才动作，调节进气孔的大小即可获得所需要的延时量。断电延时型的工作原理与通电延时型相似。

主要技术数据为：

（1）供电电压：交流（24 V、36 V、110 V、220 V、380 V）。

（2）延时规格：0.4～60 s、0.4～180 s。

6. 选用

（1）根据系统的延时范围和精度选择时间继电器的类型和系列。在延时精度要求不高的场合，可选用空气阻尼式时间继电器；要求延时精度高、延时范围较大的场合，可选用晶体管式时间继电器。目前电气设备中较多使用晶体管式时间继电器。

（2）根据控制线路的要求选择时间继电器的延时方式（通电延时型或断电延时型）。

（3）时间继电器电磁线圈的电压应与控制线路电压等级相同。

二、Y—△降压启动控制线路的工作原理

Y—△降压启动控制线路原理图如图 2—7—1 所示。接触器 KM 作引入电源用，接触器 KM_Y 和 $KM_\triangle$ 分别作 Y 形降压启动和△形全压运行用，时间继电器 KT 用作控制 Y—△形自动切换。

电路工作原理如下：

合上电源开关 QF。

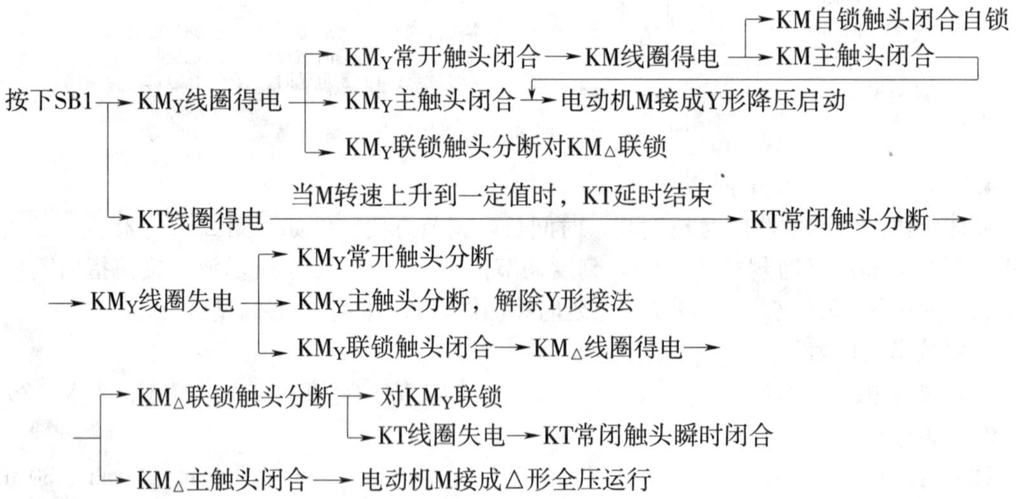

停止时，按下 SB2 即可实现。

任务实施

一、准备工作

1. 工具

电工工具1套（验电笔、一字和十字旋具、钢丝钳、尖嘴钳、斜口钳、剥线钳等）。

2. 仪表

万用表1块。

3. 设备与器材

控制板、线槽、接线排、各种规格软线和紧固件、金属软管、编码套管等。设备与器材明细见表2—7—1。三相异步电动机可选择较小功率有6个出线端的电动机，其额定电压为380 V，额定接法为△形。

表2—7—1　　设备与器材明细表

序号	代号	名称	型号与规格	数量
1	M	异步电动机	根据实习设备自定	1
2	QF	电源开关	DZ5—20/330	1
3	FU1	熔断器	RL1—60/20，配熔体20 A	3
4	FU2	熔断器	RL1—15/2，配熔体2 A	2
5	KM、KM_Y、$KM_△$	接触器	CJX1—9/22，线圈电压380 V	3
6	KH	热继电器	JR16—20/3	1
7	KT	时间继电器	JS7—2 A，380 V	1
8	SB1、SB2	按钮	LA10—3H，保护式	2
9		连接导线	BVR—1.5 mm^2塑料软铜线	若干

二、操作步骤与要领

1. 线路图识读

识读三相异步电动机Y—△降压启动控制线路图，明确电路所用电气设备与元件及其作用，熟悉线路的工作原理。

2. 设备与元件检查

按表2—7—1配齐所用电气设备与元件，并进行质量检查，将时间继电器延时时间设置为6 s。

3. 线路安装

在控制板上按照图2—7—6所示安装所有的电气设备与元件，并标上醒目的文字符号。接线并进行线路检查。

4. 通电试车

为确保人身安全，在通电试车时，要认真执行安全操作规程的有关规定，经指导教师检查合格后进行通电操作。

（1）合上电源开关QF。

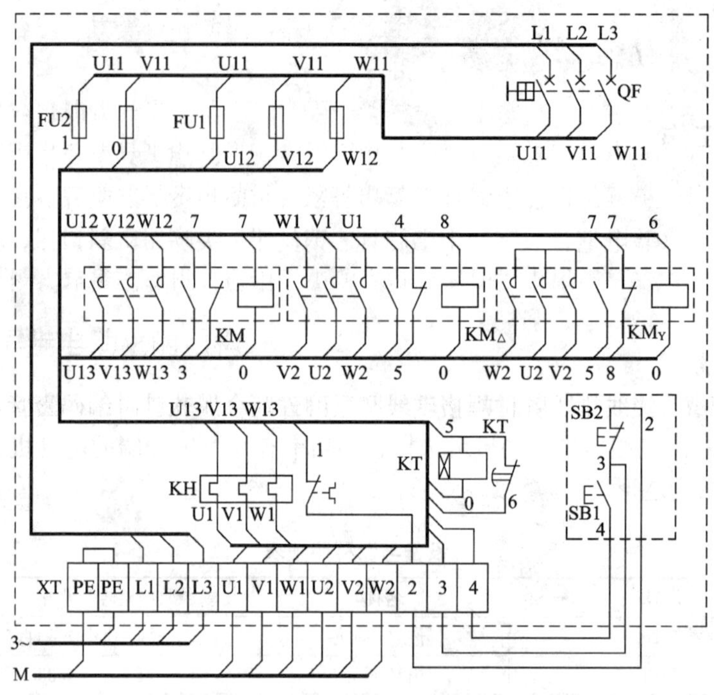

图 2—7—6 Y—△降压启动控制线路接线图

（2）按下启动按钮 SB1，交流接触器 KM 和 KM_Y通电，电动机 M 接成 Y 形降压启动。

（3）当时间继电器延时 6 s 后，KM_Y断电，$KM_{\triangle}$通电，电动机 M 接成△形全压运转。

（4）按下停止按钮 SB2，电动机断电停止。

（5）操作完毕，关断电源开关 QF。

三、注意事项

（1）用于 Y—△降压启动控制的电动机，必须有 6 个出线端子且定子绕组在△接法时的额定电压等于三相电源线电压（380 V）。

（2）接触器 KM_Y与接触器 $KM_{\triangle}$必须联锁，否则会产生电源短路事故。

（3）时间继电器的延时设定值、热继电器的整定电流值应符合要求。

（4）通电校验时，必须有指导老师在现场监护，学生应根据控制要求独立进行操作，若出现故障也应自行排除。

任务评价

评 分 标 准

序号	项目内容	评分标准	配分	得分
1	设备与元件检查	电气设备与元件漏检或错检，每处扣 1 分	10	
2	线路安装	（1）不按线路图安装，扣 15 分 （2）设备与元件安装不牢固，每只扣 5 分 （3）设备与元件安装不整齐、不匀称，每只扣 3 分 （4）损坏设备与元件，每只扣 10～15 分	20	

续表

序号	项目内容	评分标准		配分	得分
3	线路检查	(1) 不按电路图接线，扣 20 分 (2) 接点不符合要求，每个扣 2 分 (3) 布线不符合要求，每根扣 4 分 (4) 损伤导线绝缘或线芯，每根扣 5 分 (5) 漏接接地线，扣 10 分		30	
4	故障排除	(1) 断电不验电，扣 5 分 (2) 工具及仪表使用不当，每次扣 5 分 (3) 排除故障的顺序不对，扣 5 分 (4) 不能查出故障点，每个扣 10 分 (5) 查出故障点，但不能排除，每个扣 5 分		20	
5	通电试车	(1) 热继电器未整定或整定错误，扣 5 分 (2) 熔体规格选用不当，扣 5 分 (3) 第一次试车不成功，扣 10 分 第二次试车不成功，扣 15 分 第三次试车不成功，扣 20 分		20	
6	安全文明生产	(1) 违反安全文明生产规程，扣 5～40 分 (2) 发生人身和设备安全事故，不及格			
7	定额时间	3 h，超时扣 5 分			
8	备注		合计	100	

思考与练习

1. 常用的时间继电器有哪些类型？如何选择和使用时间继电器？
2. 绘出时间继电器的电路符号和文字符号。
3. Y—△降压启动的特点是什么？

任务 8　三相异步电动机能耗制动控制线路的装调

◆ **技能点**

◎ 三相异步电动机能耗制动控制线路的装调与操作

◆ **知识点**

◎ 三相异步电动机的制动

◎ 能耗制动工作原理

◎ 能耗制动控制线路的工作原理

任务提出

在电动机通电运行中按下停止按钮时，虽然电动机已经断电，但由于惯性作用还会继续转动一段时间。这种惯性运转现象是某些生产工艺或控制要求不允许的，为了使电动机迅速停转，需要对电动机进行制动。特别是对于要求制动准确、平稳且频繁的电动机多采用能耗制动控制。如 C5225 车床工作台主拖动电动机的制动，采用的就是能耗制动控制线路。本任务要求对如图 2—8—1 所示三相异步电动机能耗制动控制线路进行装调，其控制要求是：合上电源开关 QF，按下启动按钮 SB1，电动机启动运转；按下停止按钮 SB2，电动机进行能耗制动停止。如果达不到控制要求，则进行检查和排除电路故障，直至达到预定的控制要求为止。

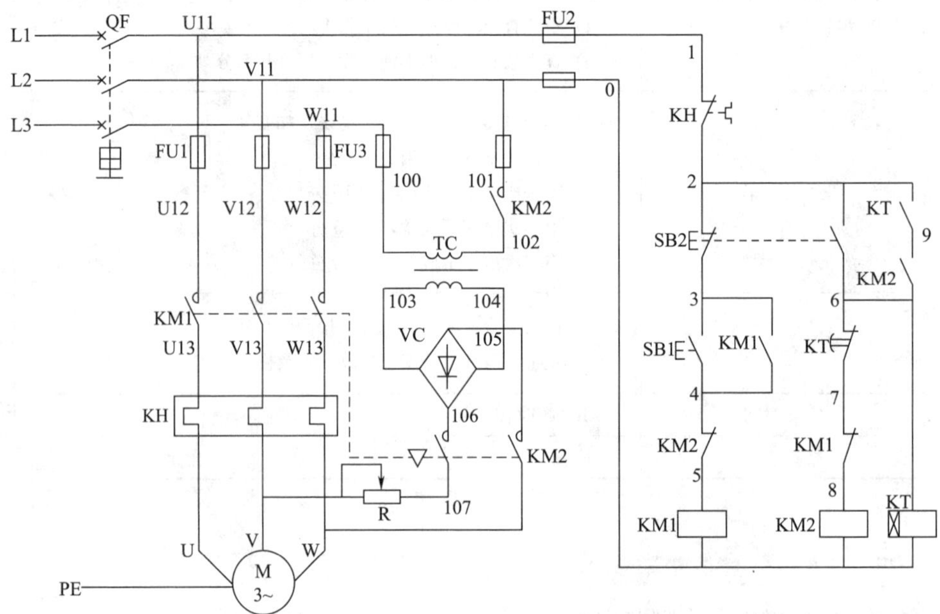

图 2—8—1　能耗制动控制线路

任务分析

三相异步电动机能耗制动控制线路是在自锁控制线路的基础上增加变压、整流和直流制动控制电路，时间继电器用来控制能耗制动的时间。线路装调过程较为复杂，涉及知识面较多，需要掌握变压、整流的基础知识。在选择设备与元件时，变压器要有足够的功率和输出电流，整流二极管要有足够的耐压值和输出电流值。在安装控制线路时，可先安装自锁控制线路，通电试车成功后再安装和调试直流制动控制电路。

相关知识

一、三相异步电动机的制动

所谓制动，就是给电动机一个与转动方向相反的转矩使它迅速停转。制动的方法一般有两类：机械制动和电力制动。

1. 机械制动

电动机断开电源后，利用机械装置产生的反作用力矩使其迅速停转的方法叫机械制动。机械制动常用的方法有电磁抱闸制动和电磁离合器制动，如 X62W 万能铣床的主轴电动机就是采用电磁离合器制动以实现准确停车。电磁抱闸制动在起重机械上被广泛采用，优点是能够准确定位，同时可防止电动机突然断电时重物自行坠落。

2. 电力制动

使电动机在切断电源停转的过程中，产生一个和电动机实际旋转方向相反的电磁力矩（制动力矩），迫使电动机迅速制动的方法叫电力制动。电力制动常用的方法有反接制动、能耗制动、电容制动和再生发电制动等，其中能耗制动电路简单，应用较为广泛。

二、能耗制动工作原理

当电动机切断交流电源后，立即在定子绕组中通入直流电流，迫使电动机迅速停转的方法叫能耗制动，其制动原理如图 2—8—2 所示。

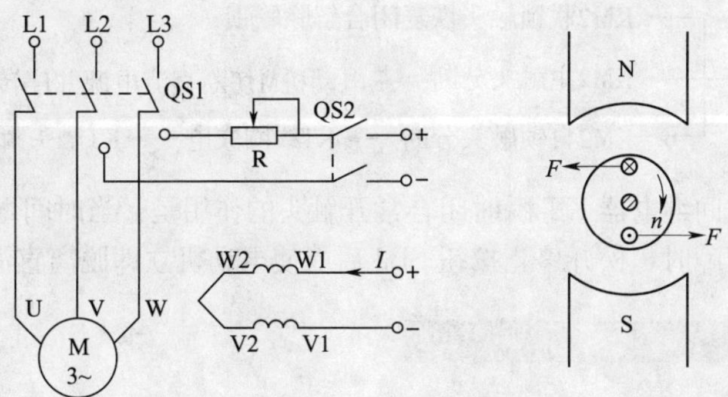

图 2—8—2　能耗制动原理图

电源开关 QS1 是双掷刀开关，将 QS1 向下扳动时，先切断电动机的交流电源，后接通直流电源（QS2 已闭合），电动机 V、W 两相定子绕组通入直流电，在定子中产生一个恒定的静止磁场。此时作惯性运转的转子因切割磁力线而在转子绕组中产生感应电流，其方向可用右手定则判断。转子绕组中一旦产生了感应电流，又立即受到磁场力 F 的作用，产生电磁转矩，用左手定则判断，可知电磁转矩的方向正好与电动机的转向相反，使电动机迅速停转。当电动机静止后，电磁转矩为零，此时应切断直流电源。调节电阻 R 阻值的大小可调整制动力矩的强弱。由于这种制动方法是将惯性运转的动能转化为电能，消耗在转子回路的电阻中，所以称为能耗制动。

能耗制动的特点是制动准确、平稳，耗能小，但需配备直流电源。

三、能耗制动控制线路的工作原理

能耗制动控制线路如图 2—8—1 所示。TC 是整流变压器，将 380 V 交流电变换为低压。桥式整流器 VC 将低压交流电整流为直流电。电阻 R 用来调节制动强度，R 的阻值越小，制动力矩越大。接触器 KM2 用来控制整流电路的通断。运转接触器 KM1 和整流接触器 KM2 必须相互联锁。能耗制动过程如下：

合上电源开关 QF。

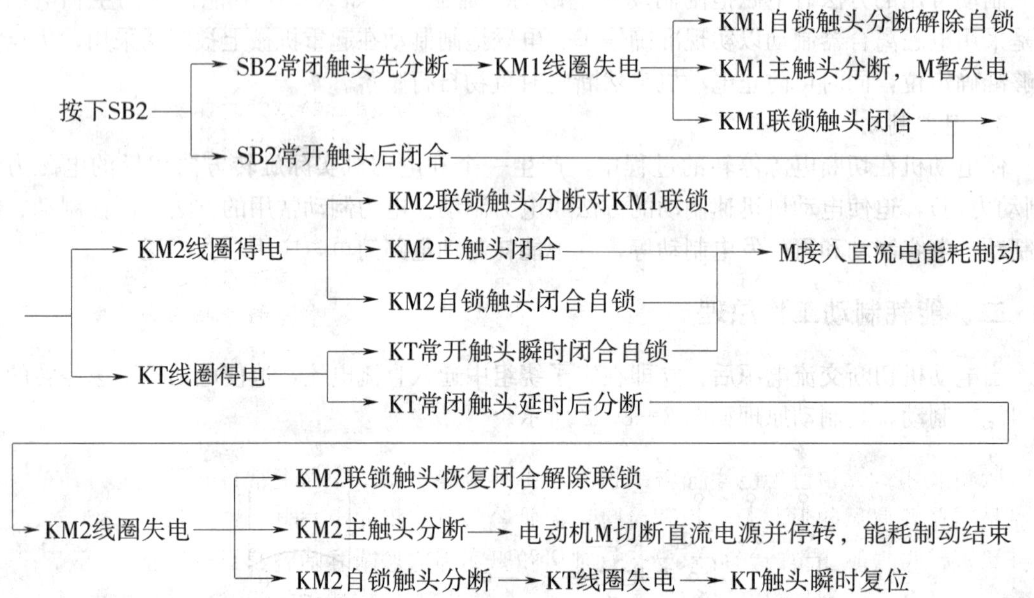

图 2—8—1 中时间继电器 KT 瞬时闭合常开触头的作用是：当时间继电器 KT 出现线圈断线或机械卡住等故障时，松开停止按钮 SB2 后能使电动机立即脱离直流电源。

任务实施

一、准备工作

1. 工具

电工工具 1 套（验电笔、一字和十字旋具、钢丝钳、尖嘴钳、斜口钳、剥线钳等）。

2. 仪表

万用表 1 块。

3. 设备与器材

控制板、线槽、接线排、各种规格软线和紧固件、金属软管、编码套管等。设备与器材明细见表 2—8—1。

表 2—8—1　　设备与器材明细表

序号	代号	名称	型号与规格	数量
1	M	异步电动机	根据实习设备自定	1
2	QF	电源开关	DZ5—20/330	1
3	FU1	熔断器	RL1—60/20，配熔体 20 A	3

续表

序号	代号	名称	型号与规格	数量
4	FU2	熔断器	RL1—15/2，配熔体 2 A	2
5	FU3	熔断器	RL1—60/20，配熔体 20 A	2
6	KM1、KM2	接触器	CJX1—9/22，线圈电压 380 V	2
7	KH	热继电器	JR16—20/3	1
8	KT	时间继电器	JS7—2 A，380 V	1
9	SB1、SB2	按钮	LA10—3H，保护式	2
10	VC	二极管全桥	10 A、100 V	1
11	TC	变压器	380 V/24 V、100 V·A	1
12	R	可调制动电阻	2 Ω、50 W	1
13		连接导线	BVR—1.5 mm^2塑料软铜线	若干

二、操作步骤与要领

1. 线路图识读

识读三相异步电动机能耗制动控制线路图，明确电路所用电气设备与元件及其作用，熟悉线路的工作原理。

2. 设备与元件检查

按表 2—8—1 配齐所用电气设备与元件，并进行质量检查。

3. 线路安装

在控制板上根据图 2—8—1 所示线路图安装所有的电气设备与元件，并标上醒目的文字符号。接线并进行线路检查。

4. 通电试车

为确保人身安全，在通电试车时，要认真执行安全操作规程的有关规定，经指导教师检查合格后进行通电操作。

（1）合上电源开关 QF。

（2）按下启动按钮 SB1，交流接触器 KM1 通电，电动机 M 通电运行。

（3）按下停止按钮 SB2，KM1 断电，KM2 通电，电动机 M 接入直流电进行能耗制动，迅速停止转动。时间继电器延时断开 KM2，能耗制动结束。

（4）操作完毕，关断电源开关 QF。

三、注意事项

（1）时间继电器的整定时间通常为 2～3 s，不要调得太长，以免直流电流通电时间过长引起定子绕组发热。

（2）整流二极管要配装散热器。

（3）进行制动时，停止按钮 SB2 要按到底。

任务评价

评 分 标 准

序号	项目内容	评分标准	配分	得分
1	设备与元件检查	电气设备与元件漏检或错检，每处扣 1 分	10	
2	线路安装	(1) 不按线路图安装，扣 15 分 (2) 设备与元件安装不牢固，每只扣 5 分 (3) 设备与元件安装不整齐、不匀称，每只扣 3 分 (4) 损坏设备与元件，每只扣 10～15 分	20	
3	线路检查	(1) 不按电路图接线，扣 20 分 (2) 接点不符合要求，每个扣 2 分 (3) 布线不符合要求，每根扣 4 分 (4) 损伤导线绝缘或线芯，每根扣 5 分 (5) 漏接接地线，扣 10 分	30	
4	故障排除	(1) 断电不验电，扣 5 分 (2) 工具及仪表使用不当，每次扣 5 分 (3) 排除故障的顺序不对，扣 5 分 (4) 不能查出故障点，每个扣 10 分 (5) 查出故障点，但不能排除，每个扣 5 分	20	
5	通电试车	(1) 热继电器未整定或整定错误，扣 5 分 (2) 熔体规格选用不当，扣 5 分 (3) 第一次试车不成功，扣 10 分 第二次试车不成功，扣 15 分 第三次试车不成功，扣 20 分	20	
6	安全文明生产	(1) 违反安全文明生产规程，扣 5～40 分 (2) 发生人身和设备安全事故，不及格		
7	定额时间	3 h，超时扣 5 分		
8	备注	合计	100	

思考与练习

1. 三相异步电动机制动方法有哪两类？
2. 什么是电动机机械制动？常用的机械制动有哪两种？
3. 什么是电动机电力制动？什么是能耗制动？

任务9　三相双速异步电动机控制线路的装调

◆ 技能点

◎ 三相双速异步电动机控制线路的装调与操作

◆ 知识点

◎ 三相异步电动机的调速方法

◎ 三相双速异步电动机

◎ 三相双速异步电动机控制线路的工作原理

任务提出

在实际生产中，工作机械对电动机的速度有不同的要求。例如，为了启动平稳和提高生产效率，往往要求电动机能够“低速启动、高速生产”。最简单的调速方法就是采用双速电动机。本任务要求对如图2—9—1所示双速电动机控制线路进行装调，其控制要求是：合上电源开关QF，按下按钮SB1，电动机低速运转；按下按钮SB2，电动机高速运转；按下停止按钮SB3，电动机停止。如果达不到控制要求，则进行检查和排除电路故障，直至达到预定的控制要求为止。

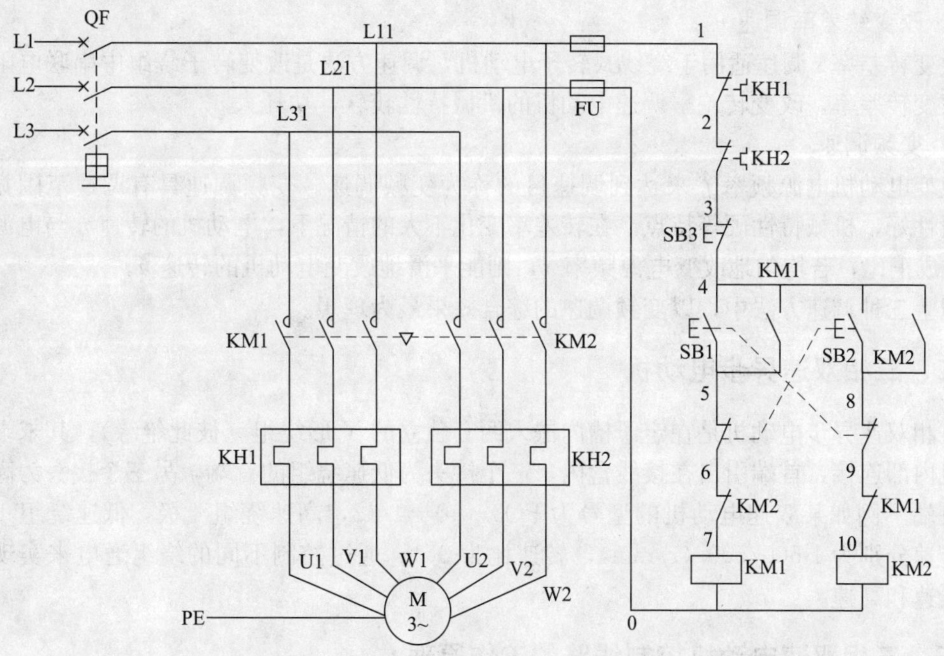

图2—9—1　三相双速异步电动机控制线路

任务分析

三相双速异步电动机内部有两套磁极个数不同、又相互绝缘的低速和高速绕组，其控制线路分别由低速、高速自锁控制电路构成。双速电动机控制线路的装调与正反转控制线路类似，在连接线路时低速控制电路与高速控制电路要互相联锁。

要装调三相双速异步电动机控制线路，首先应该安装好两只接触器的自锁控制线路，检查无误后再安装联锁线路，这两部分线路应反复核对，不可接错。最后进行通电操作，检查电动机是否按控制要求运行或停止。

在装调三相双速异步电动机的控制线路时，需要注意的是起联锁作用的KM1常闭触头与KM2线圈是串联的，起联锁作用的KM2常闭触头与KM1线圈是串联的，接线中不能将其接反。

相关知识

一、三相异步电动机的调速方法

由三相异步电动机的转速公式 $n=(1-s)60f/p$ 可知，改变三相交流异步电动机的转速可通过以下三种方法来实现。

1. 变极调速

改变电动机的磁极对数 p 来达到调速的目的称为变极调速。变极调速是有级调速，通常使用的有双速、3速等类型。变极调速电动机调速范围窄，不能平滑调速，电动机结构较复杂。

2. 改变转差率调速

改变转差率 s 调速适用于绕线式转子电动机，调速方法是改变转子绕组中串联电阻的阻值来改变转差率。改变转差率调速电动机的机械特性较软，功耗大。

3. 变频调速

改变电动机电源频率 f 来达到调速目的称为变频调速。变频调速具有调速范围宽，调速平滑性好，机械特性硬等特点。在转差率变化不大的情况下，电动机的转速 n 与电源频率 f 大致成正比，若均匀地改变电源频率 f，则能平滑地改变电动机的转速 n。

以上三种调速方法中，以变频调速的综合效果最为理想。

二、三相双速异步电动机

三相双速异步电动机是在定子槽内嵌入两套独立的Y形绕组（彼此绝缘），其末端已在电动机内部连接，首端引出在接线盒内，三个接头为低速绕组的首端，另三个接头为高速绕组的首端。例如某双速电动机的型号为FO3－40－4/12，高速绕组4极，低速绕组12极，同步转速分别为1 500/500（r/min），转速比为3/1。通过控制不同的绕组通电来实现电动机的低速和高速。

三、三相双速电动机控制线路的工作原理

如图2—9—1所示为双速电动机控制线路，其中高、低速控制线路采用按钮和接触器双

重联锁。其工作原理是：按下低速按钮 SB1，接触器 KM1 通电自锁，电动机低速绕组（U1、V1、W1）通电，电动机低速运转；按下高速按钮 SB2，接触器 KM2 通电自锁，电动机高速绕组（U2、V2、W2）通电，电动机高速运转；按下停止按钮 SB3，电动机断电停止。

任务实施

一、准备工作

1. 工具

电工工具 1 套（验电笔、一字和十字旋具、钢丝钳、尖嘴钳、斜口钳、剥线钳等）。

2. 仪表

万用表 1 块，转速表 1 块。

3. 设备与器材

控制板、线槽、接线排、各种规格软线和紧固件、金属软管、编码套管等。设备与器材明细见表 2—9—1。

表 2—9—1　　**设备与器材明细表**

序号	代号	名称	型号与规格	数量
1	M	双速电动机	FO3－40－4/12	1
2	QF	电源开关	DZ5—20/330	1
3	FU	熔断器	RL1—15/2，配熔体 2 A	2
4	KM1、KM2	接触器	CJX1—9/22，线圈电压 380 V	2
5	KH1、KH2	热继电器	JR16—20/3，三极、20 A、整定电流 8.8 A	2
6	SB1～SB3	按钮	LA10—3 H，保护式	3
7		连接导线	BVR—1.5 mm^2 塑料软铜线	若干

二、操作步骤与要领

1. 线路图识读

识读三相双速电动机控制线路图，明确电路所用电气设备与元件及其作用，熟悉线路的工作原理。

2. 设备与元件检查

按表 2—9—1 配齐所用电气设备与元件，并进行质量检查。

3. 线路安装

在控制板上根据图 2—9—1 所示线路图安装所有的电气设备与元件，并标上醒目的文字符号。接线并进行线路检查。

4. 通电试车

为确保人身安全，在通电试车时，要认真执行安全操作规程的有关规定，经指导教师检查合格后进行通电操作。

(1) 合上电源开关 QF。

(2) 按下低速启动按钮 SB1，待电动机转速稳定后，测出电动机的转速。

(3) 按下高速启动按钮 SB2，待电动机转速稳定后，测出电动机的转速。

(4) 按下停止按钮 SB3，电动机停止。

(5) 操作完毕，关断电源开关 QF。

任务评价

评 分 标 准

序号	项目内容	评分标准		配分	得分
1	设备与元件检查	电气设备与元件漏检或错检，每处扣 1 分		10	
2	线路安装	(1) 不按线路图安装，扣 15 分 (2) 设备与元件安装不牢固，每只扣 5 分 (3) 设备与元件安装不整齐、不匀称，每只扣 3 分 (4) 损坏设备与元件，每只扣 10～15 分		20	
3	线路检查	(1) 不按电路图接线，扣 20 分 (2) 接点不符合要求，每个扣 2 分 (3) 布线不符合要求，每根扣 4 分 (4) 损伤导线绝缘或线芯，每根扣 5 分 (5) 漏接接地线，扣 10 分		30	
4	故障排除	(1) 断电不验电，扣 5 分 (2) 工具及仪表使用不当，每次扣 5 分 (3) 排除故障的顺序不对，扣 5 分 (4) 不能查出故障点，每个扣 10 分 (5) 查出故障点，但不能排除，每个扣 5 分		20	
5	通电试车	(1) 转速测试不准确，扣 10 分 (2) 第一次试车不成功，扣 10 分 第二次试车不成功，扣 15 分 第三次试车不成功，扣 20 分		20	
6	安全文明生产	(1) 违反安全文明生产规程，扣 5～40 分 (2) 发生人身和设备安全事故，不及格			
7	定额时间	3 h，超时扣 5 分			
8	备注		合计	100	

思考与练习

1. 什么是电动机调速？调速的方法有哪几种？

2. 某设备由一台双速电动机拖动，要求电动机必须先低速启动后，才能转换为高速运转，设计其控制线路。

任务 10　三相异步电动机△/YY 变极调速控制线路的装调

◆ 技能点

◎ 三相异步电动机△/YY 变极调速控制线路的装调与操作

◆ 知识点

◎ 三相异步电动机△/YY 变极调速的工作原理

◎ 三相异步电动机△/YY 变极调速控制线路的工作原理

任务提出

与双绕组电动机不同的是，△/YY 绕组电动机只有一个绕组，通过绕组不同的连接方式，可以输出两种速度。由于绕组被充分利用，结构相对简单，因此，△/YY 绕组电动机使用广泛，如 T68 镗床的主轴电动机就是采用△/YY 双速电动机。本任务要求对如图 2—10—1 所示三相异步电动机△/YY 变极调速控制线路进行装调，其控制要求是：合上电源开关 QF，按下按钮 SB1，电动机低速运转；按下按钮 SB2，电动机高速运转；按下按钮 SB3，电动机停止。如果达不到控制要求，则进行检查和排除电路故障，直至达到预定的控制要求为止。

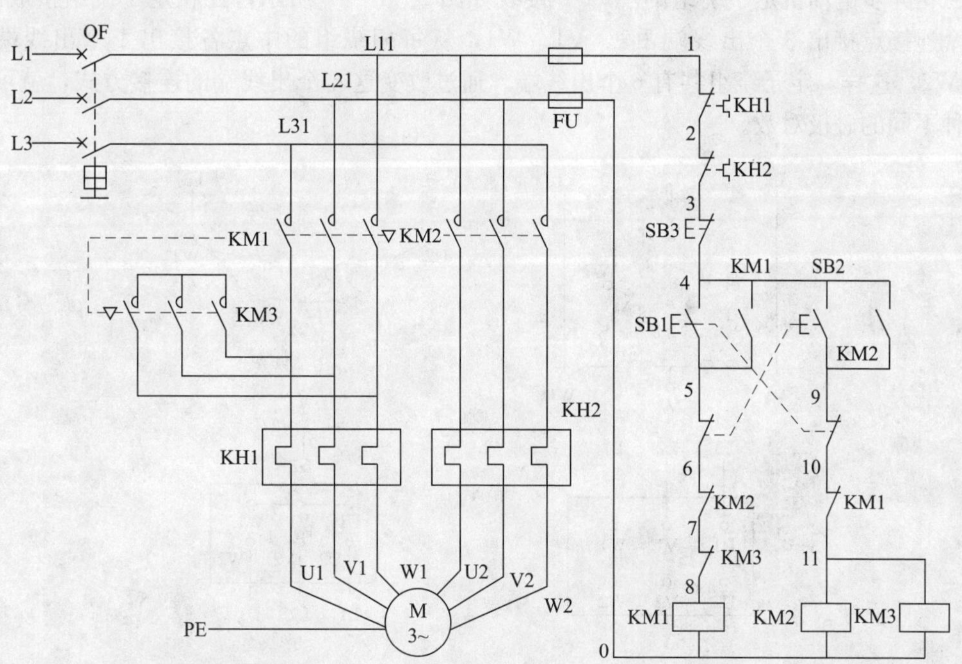

图 2—10—1　△/YY 变极调速控制线路

任务分析

在对三相异步电动机△/YY变极调速控制线路装调时，首先需要掌握三相异步电动机△/YY绕组变极调速的工作原理，然后会分析三相异步电动机△/YY变极调速控制线路的工作原理。与三相双绕组电动机控制线路的装调相比较，三相异步电动机△/YY变极调速控制线路的主电路连接较为复杂，其中KM1为低速接触器，KM2和KM3同为高速接触器。高、低速接触器的主触头需要进行电源换相。其控制电路由低速、高速控制电路分别构成，并且需要互相联锁。

在装调三相异步电动机△/YY变极调速控制线路时，首先应该安装好KM1、KM2两只接触器的联锁控制线路，检查无误后再在KM2线圈两端并联上KM3线圈，同时在KM1线圈的控制电路中再串联上KM3的常闭触头，这两部分线路应反复核对，不可接错。当确定线路正确无误后，最后进行通电操作，检查电动机是否按控制要求运行或停止。

需要注意的是在主电路中接触器KM1、KM2在两种转速下电源的相序改变，不能接错，否则两种转速下电动机的转向相反，换向时将产生很大的冲击电流；并且控制双速电动机△形接法的接触器KM1和YY形接法的KM2的主触头不能对换接线，否则不但不能实现双速控制要求，而且会在YY形运转时造成电源短路事故。

相关知识

一、三相异步电动机△/YY变极调速的工作原理

三相异步电动机定子绕组的△/YY接线如图2—10—2所示，三相定子绕组接成△形，由3个连接点接出3个出线端U1、V1、W1，从每相绕组的中点各接出1个出线端U2、V2、W2，这样，定子绕组共有6个出线端。通过改变这6个出线端的连接方式，就可以得到两种不同的磁极对数。

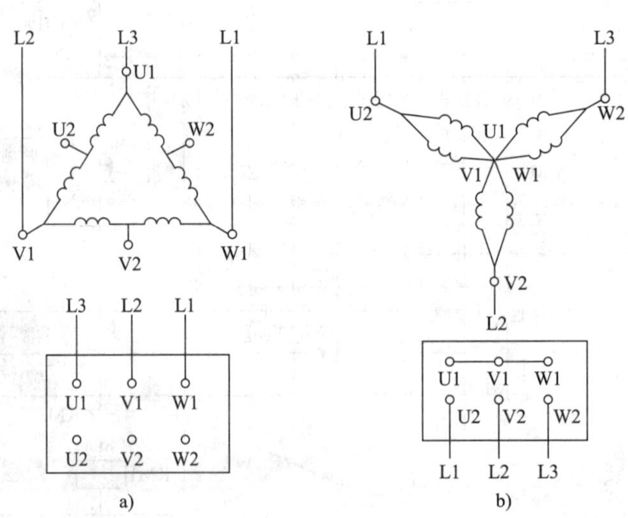

图2—10—2 电动机定子绕组的△/YY形接线图

a）低速工作状态 b）高速工作状态

（1）如图 2—10—2a 所示，电动机低速工作时，就把三相电源分别接在出线端 U1、V1、W1 上，另外三个出线端 U2、V2、W2 空着不接，此时电动机定子绕组接成△形，每相两个绕组串联，磁极为 4 极，同步转速为 1 500 r/min。

（2）如图 2—10—2b 所示，电动机高速工作时，就把三相电源分别接在出线端 U2、V2、W2 上，另外三个出线端 U1、V1、W1 并接在一起，此时将定子绕组由△形改为 YY 形，每相两个绕组并联，磁极为 2 极，同步转速为 3 000 r/min。由此可知，高速运转转速是低速运转转速的 2 倍。

值得注意的是，由于磁极对数的变化，不仅使转速发生了变化，而且三相定子绕组排列的相序也改变了，为了维持原来的转向不变，就必须在变极的同时改变三相定子绕组接线的相序。

二、三相异步电动机△/YY 变极调速控制线路的工作原理

如图 2—10—1 所示为△/YY 变极调速控制线路，其中高、低速控制电路采用按钮和接触器双重联锁，确保不会同时通电动作。工作原理是：

（1）按下低速按钮 SB1，接触器 KM1 通电自锁，电动机绕组接成△形 4 极低速运转，电源相序为 L3—L2—L1。

（2）按下高速按钮 SB2，接触器 KM2、KM3 通电，KM2 自锁，电动机绕组接成 YY 形 2 极高速运转，电源相序为 L1—L2—L3。

（3）按下停止按钮 SB3，电动机停止。

任务实施

一、准备工作

1. 工具

电工工具 1 套（验电笔、一字和十字旋具、钢丝钳、尖嘴钳、斜口钳、剥线钳等）。

2. 仪表

万用表 1 块，转速表 1 块。

3. 设备与器材

控制板、线槽、接线排、各种规格软线和紧固件、金属软管、编码套管等。设备与器材明细见表 2—10—1。三相异步电动机 YD112M－4/2 的技术数据：3.3 kW/4 kW、380 V、7.4 A/8.6 A、△/YY、1 440 r/min 或 2 890 r/min。

表 2—10—1　　设备与器材明细表

序号	代号	名称	型号与规格	数量
1	M	异步电动机	YD112M—4/2	1
2	QF	电源开关	DZ5—20/330	1
3	FU	熔断器	RL1—15/2，配熔体 2 A	2
4	KM1～KM3	接触器	CJX1—9/22，线圈电压 380 V	3
5	KH1	热继电器	JR16—20/3，三极、20 A、整定电流 7.4 A	1

续表

序号	代号	名称	型号与规格	数量
6	KH2	热继电器	JR16—20/3，三极、20 A、整定电流 8.6 A	1
7	SB1～SB3	按钮	LA10—3H，保护式	3
8		连接导线	BVR—1.5 mm^2塑料软铜线	若干

二、操作步骤与要领

1. 线路图识读

识读三相异步电动机△/YY 变极调速控制线路图，明确电路所用电气设备与元件及其作用，熟悉线路的工作原理。

2. 设备与元件检查

按表 2—10—1 配齐所用电气设备与元件，并进行质量检查。

3. 线路安装

在控制板上根据图 2—10—1 所示线路图安装所有的电气设备与元件，并标上醒目的文字符号。接线并进行线路检查。

4. 通电试车

为确保人身安全，在通电试车时，要认真执行安全操作规程的有关规定，经指导教师检查合格后进行通电操作。

（1）合上电源开关 QF。

（2）按下低速按钮 SB1，待电动机转速稳定后，测出电动机的转速。

（3）按下高速按钮 SB2，待电动机转速稳定后，测出电动机的转速。

（4）按下停止按钮 SB3，电动机停止。

（5）操作完毕，关断电源开关 QF。

任务评价

评 分 标 准

序号	项目内容	评分标准	配分	得分
1	设备与元件检查	电气设备与元件漏检或错检，每处扣 1 分	10	
2	线路安装	（1）不按线路图安装，扣 15 分 （2）设备与元件安装不牢固，每只扣 5 分 （3）设备与元件安装不整齐、不匀称，每只扣 3 分 （4）损坏设备与元件，每只扣 10～15 分	20	
3	线路检查	（1）不按电路图接线，扣 20 分 （2）接点不符合要求，每个扣 2 分 （3）布线不符合要求，每根扣 4 分 （4）损伤导线绝缘或线芯，每根扣 5 分 （5）漏接接地线，扣 10 分	30	

续表

序号	项目内容	评分标准		配分	得分
4	故障排除	(1) 断电不验电，扣5分 (2) 工具及仪表使用不当，每次扣5分 (3) 排除故障的顺序不对，扣5分 (4) 不能查出故障点，每个扣10分 (5) 查出故障点，但不能排除，每个扣5分		20	
5	通电试车	(1) 转速测试不准确，扣10分 (2) 第一次试车不成功，扣10分 第二次试车不成功，扣15分 第三次试车不成功，扣20分		20	
6	安全文明生产	(1) 违反安全文明生产规程，扣5～40分 (2) 发生人身和设备安全事故，不及格			
7	定额时间	3 h，超时扣5分			
8	备注		合计	100	

思考与练习

1. 三相△/YY绕组的异步电动机定子绕组共有几个出线端？分别画出其在低速和高速时定子绕组的接线图。

2. 现有一台△/YY绕组电动机，按下述要求设计控制线路：

(1) 用启动、停止两个按钮操作电动机的启动与停止。

(2) 先启动低速，延时5秒后自动切换到高速。

任务11　变频器面板操作调速控制线路的装调

◆ 技能点

◎ 变频器面板操作调速控制线路的装调

◎ 变频器面板操作调速控制的操作

◆ 知识点

◎ 西门子变频器MM420结构与端子功能

◎ 西门子变频器MM420操作面板

◎ 西门子变频器MM420参数设置方法

任务提出

由于电动机的转速 n 与电源频率 f 成正比，所以在三相交流异步电动机各种调速控制方式中，以改变频率的变频器调速方式最为理想，目前生产机械中已经广泛采用了变频器设备。本任务要求对如图 2—11—1 所示变频器面板操作调速控制线路进行装调。通过操作变频器面板按键设定变频器输出频率 25 Hz，即将电动机的转速降为额定转速的一半，并控制电动机正转、反转和停止。

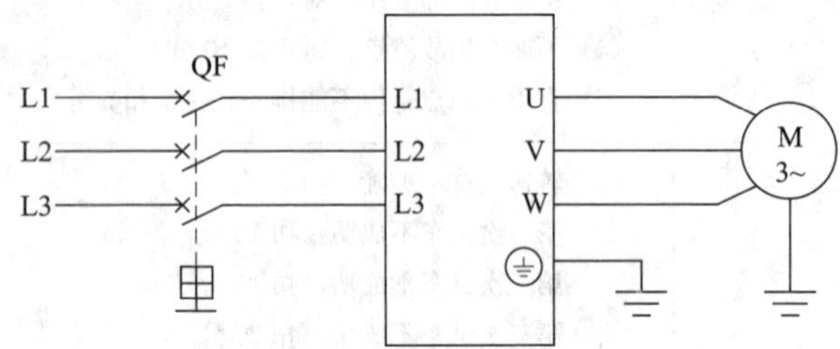

图 2—11—1　变频器面板操作调速控制线路

任务分析

完成本任务需要配置一台变频器和一台适当容量的三相交流异步电动机，了解变频器的结构、功能和接线端，熟悉变频器的面板按键，掌握变频器参数的设置方法。在任务实施中，先在控制板上连接好控制线路，然后接通变频器电源，输入相关参数，最后进行面板操作。

相关知识

变频器是利用电力半导体器件的通断作用将工频电源变换为另一频率的电能控制装置，能实现对交流异步电动机的软启动、变频调速、提高运转精度、改变功率因数、过电流/过电压/过载保护等功能。本任务以西门子变频器 MM420 为例，具体介绍其结构、端子功能、操作面板以及参数设置。

一、西门子变频器 MM420 结构与端子功能

西门子 MM420 是用于控制三相交流电动机速度的变频器系列。该系列有多种型号，从单相电源电压、额定功率 120 W，到三相电源电压、额定功率 11 kW，供用户选用。

本任务选用的 MM420 额定参数为：

（1）电源电压：三相交流电压 380 V～480 V。

（2）额定输出功率：0.75 kW。

（3）额定输入电流：2.4 A。

（4）额定输出电流：2.1 A。

1. MM420 变频器结构

MM420 变频器由主电路和控制电路构成，基本结构与外部接线端如图 2—11—2 所示。

（1）变频器的主电路包括整流电路、储能电路和逆变电路，是变频器的功率电路。

1）整流电路（AC/DC）。由二极管构成三相桥式整流电路，将交流电全波整流为直流电。

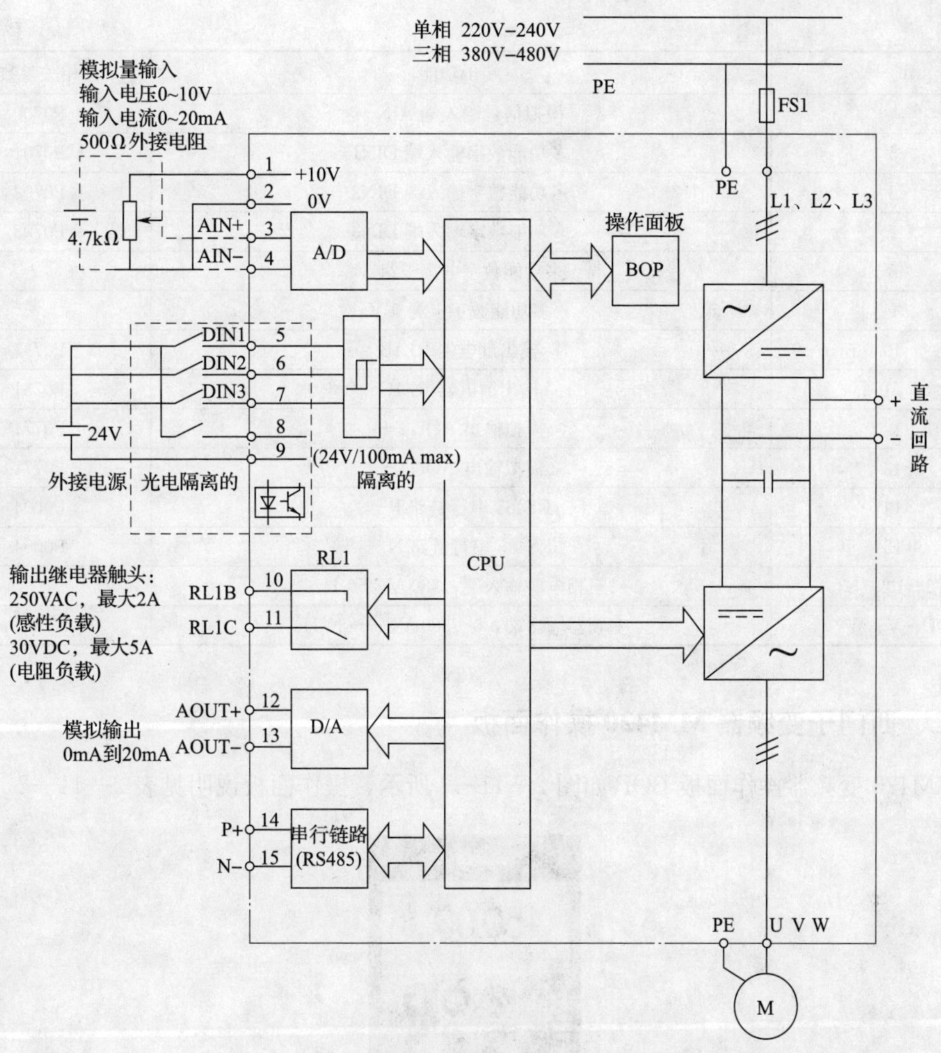

图 2—11—2　西门子变频器 MM420 基本结构与外部接线端

2）储能电路（电容电路）。具有储能和平稳直流电压的作用。

3）逆变电路（DC/AC）。将直流电逆变成频率 0～50 Hz 的三相交流电，驱动电动机工作。

（2）变频器的控制电路主要以单片微处理器 CPU 为核心构成，控制电路具有设定和显示运行参数、信号检测、系统保护、计算与控制、驱动逆变管等功能。

2. MM420 变频器端子功能（见表 2—11—1）

表 2—11—1　　西门子变频器 MM420 端子功能

端子号	端子功能	相关参数
1	频率设定电源（＋10 V）	
2	频率设定电源（0 V）	
3	模拟信号输入端 AIN＋	P0700

续表

端子号	端子功能	相关参数
4	模拟信号输入端 AIN−	P0700
5	多功能数字输入端 DIN1	P0701
6	多功能数字输入端 DIN2	P0702
7	多功能数字输入端 DIN3	P0703
8	多功能数字电源＋24 V	
9	多功能数字电源 0 V	
10	输出继电器 RL1B	P0731
11	输出继电器 RL1C	P0731
12	模拟输出 AOUT＋	P0771
13	模拟输出 AOUT−	P0771
14	RS485 串行链路 P＋	P0004
15	RS485 串行链路 N−	P0004
L1、L2、L3	三相电源输入端，380 V、50 Hz	
U、V、W	变频器输出端，0～380 V、0～50 Hz	

二、西门子变频器 MM420 操作面板

MM420 变频器操作面板 BOP 如图 2—11—3 所示，操作面板说明见表 2—11—2。

图 2—11—3　西门子变频器 MM420 操作面板 BOP

表 2—11—2　　　西门子变频器 MM420 操作面板说明

显示/按钮	功能	功能的说明
r0000	状态显示	LCD 显示变频器当前的设定值
I	启动变频器	按此键启动变频器。缺省值运行时此键是被封锁的。为了使此键起作用应设定 P0700＝1
0	停止变频器	OFF1：按此键，变频器将按选定的斜坡下降速率减速停车。缺省值运行时此键被封锁；为了允许此键操作，应设定 P0700＝1 OFF2：按此键两次（或一次，但时间较长）电动机将在惯性作用下自由停车。此功能总是“使能”的

续表

显示/按钮	功能	功能的说明
(按钮图)	改变电动机的转动方向	按此键可以改变电动机的转动方向。电动机的反向用负号（－）表示或用闪烁的小数点表示。缺省值运行时此键是被封锁的，为了使此键的操作有效，应设定P0700＝1
jog	电动机点动	在变频器无输出的情况下按此键，将使电动机启动，并按预先设定的点动频率运行。释放此键时，变频器停车。如果变频器/电动机正在运行，按此键将不起作用
Fn	功能	此键用于浏览辅助信息 变频器运行过程中，在显示任何一个参数时按下此键并保持不动2秒钟，将显示以下参数值（在变频器运行中，从任何一个参数开始）： 1. 直流回路电压（用d表示一，单位：V） 2. 输出电流（A） 3. 输出频率（Hz） 4. 输出电压（用o表示一，单位：V） 连续多次按下此键，将轮流显示以上参数 跳转功能：在显示任何一个参数（r××××或P××××）时短时间按下此键，将立即跳转到r0000。如果需要的话，您可以接着修改其他的参数。跳转到r0000后，按此键将返回原来的显示点
P	访问参数	按此键即可访问参数
▲	增加数值	按此键即可增加面板上显示的参数数值
▼	减少数值	按此键即可减少面板上显示的参数数值

三、西门子变频器MM420参数设置方法

为了快速修改参数的数值，可以单独修改显示出的每个数字，操作步骤如下：

（1）确信已处于某一参数数值的访问级。

（2）按 Fn （功能键），最右边的一个数字闪烁。

（3）按 ▲/▼，修改这位数字的数值。

（4）再按 Fn （功能键），相邻的下一位数字闪烁。

（5）执行3至4步，直到显示出所要求的数值。

（6）按 P，退出参数数值的访问级。

任务实施

一、准备工作

1. 工具

电工工具1套（验电笔、一字和十字旋具、钢丝钳、尖嘴钳、斜口钳、剥线钳等）。

2. 仪表

万用表1块，转速表1块。

3. 设备与器材

控制板、线槽、接线排、各种规格软线和紧固件、金属软管、编码套管等。设备与器材明细见表2—11—3。

表2—11—3　　设备与器材明细表

序号	代号	名称	型号与规格	数量
1	M	异步电动机	380 V/0.40 A/0.18 kW/1 400 r/min	1
2	QF	电源开关	DZ5—20/330	1
3	MM420	变频器	380 V/0.75 kW	1
4		连接导线	BVR—1.5 mm^2塑料软铜线	若干

二、操作步骤与要领

1. 线路图识读

识读变频器面板操作调速控制线路图，明确电路所用电气设备与元件及其作用，熟悉线路的工作原理。

2. 设备与元件检查

按表2—11—3配齐所用电气设备与元件，并进行质量检查。

3. 线路安装

在控制板上根据图2—11—1所示线路图安装所有的电气设备与元件，并标上醒目的文字符号。接线并进行线路检查。

4. 检查无误后接通电源

5. 变频器参数设置

设置步骤见表2—11—4，按表中序号进行按键设置。

表2—11—4　　西门子变频器MM420面板操作调速参数设置

序号	参数代号	出厂值	设置值	说明
1	P0010	0	30	调出厂设置参数，准备复位
2	P0970	0	1	恢复出厂值（恢复时间大约60 s） 0禁止复位、1参数复位（变频器先停车）

续表

序号	参数代号	出厂值	设置值	说明
3	P0003	1	3	参数访问级 1 标准级、2 扩展级、[3 专家级]、4 维修级
4	P0004	0	0	参数过滤器，可以快速访问不同的参数 [0 全部参数]、2 变频器参数、3 电动机参数、7 命令、8AD 或 DA 转换、10 设定值通道、12 驱动装置的特征、13 电动机控制、20 通信、21 报警、22 工艺参量控制（例如 PID）
5	P0010	0	1	调试用的参数过滤器 0 准备、[1 启动快速调试]、30 出厂设置参数 如果 P0010 被访问后没有设定为 0，变频器将不运行；如果 P3900＞0，这一功能自动完成
6	P0100	0	0	工频选择：[0，50 Hz]；1，60 Hz
7	P0304	400	380	电动机的额定电压（V）
8	P0305	1.90	0.40	电动机的额定电流（A）
9	P0307	0.75	0.18	电动机的额定功率（kW）
10	P0310	50.00	50.00	电动机的额定频率（Hz）
11	P0311	1 395	1 400	电动机的额定速度（r/min）
12	P0700	2	1	选择控制命令源 [1BOP 面板控制]、2 外部数字端子控制
13	P1000	2	1	选择频率设定值 [1 选择用 BOP 设定的频率值] 2 选择外部模拟信号（电位器）设定的频率值 3 固定频率之和
14	P1080	0.00	0.00	电动机最小频率（Hz）
15	P1082	50.00	50.00	电动机最大频率（Hz）
16	P1120	10.00	6.00	启动加速时间（s）
17	P1121	10.00	6.00	停止减速时间（s）
18	P3900	0	1	结束快速调试
19	P0003	1	3	重新设置 P0003 为 3
20	P0004	0	10	快速访问设定值通道
21	P1040	5.00	25.00	BOP 的频率设定值（Hz）
22	P0010	0	0	如不启动，检查 P0010 是否为 0

6. 操作试车

（1）正转。按面板上【启动】键，电动机加速启动，启动时间为 6 s。当启动完成后，显示输出频率 25 Hz。用转速表测量此时电动机的转速，并与电动机的额定转速相比较。

（2）反转。按面板上【反转】键，电动机停止正转，改为反转启动，启动时间为 6 s。当启动完成后，显示输出频率 25 Hz。

（3）停止。按【停止】键，电动机减速，6 s 后停止。

（4）切断电源。

任务评价

评分标准

序号	项目内容	评分标准		配分	得分
1	设备与元件检查	电气设备与元件漏检或错检，每处扣 1 分		10	
2	线路安装	(1) 不按线路图安装，扣 15 分 (2) 设备与元件安装不牢固，每只扣 5 分 (3) 设备与元件安装不整齐、不匀称，每只扣 3 分 (4) 损坏设备与元件，每只扣 10～15 分		20	
3	线路检查	(1) 不按电路图接线，扣 5 分 (2) 接点不符合要求，每个扣 2 分 (3) 漏接接地线，扣 5 分		10	
4	参数设置	设置变频器参数错误，每处扣 10 分		30	
5	故障排除	(1) 断电不验电，扣 5 分 (2) 工具及仪表使用不当，每次扣 5 分 (3) 排除故障的顺序不对，扣 5 分		10	
6	通电试车	(1) 转速测试不准确，扣 5 分 (2) 试车不成功，扣 15 分		20	
7	安全文明生产	(1) 违反安全文明生产规程，扣 5～40 分 (2) 发生人身和设备安全事故，不及格			
8	定额时间	2 h，超时扣 5 分			
9	备注		合计	100	

思考与练习

1. 设某异步电动机的额定值分别为 380 V/0.40 A/0.18 kW/50 Hz，它们分别对应变频器的哪些参数？

2. 设某异步电动机的额定转速为 1 400 r/min，若要求该电动机工作转速为 1 200 r/min，变频器的输出频率应设置为多少？

3. 某异步电动机要求启动平缓，应设置变频器的哪个参数？

4. 某异步电动机要求迅速停车，应设置变频器的哪个参数？

任务 12　变频器模拟量调速控制线路的装调

◆ **技能点**

◎ 变频器模拟量调速控制线路的装调

◎ 变频器模拟量调速控制的操作

任务提出

在自动化控制中，变频器将根据传感器信号对电动机转速进行控制。例如，用变频空调器进行室内恒温控制，如果室内温度升高，引起温度传感器电压信号增大，则电动机（空调压缩机）转速加快，使室内温度下降。随着室温的下降，电动机的转速也逐步降低，接近设定温度时，转速已很低，以保持室温稳定。本任务要求对如图 2—12—1 所示变频器模拟量调速控制线路进行装调，调节 4.7 kΩ 电位器，产生模拟传感器电压信号，使电动机转速发生变化；并用变频器数字输入端控制电动机正转、反转和停止。

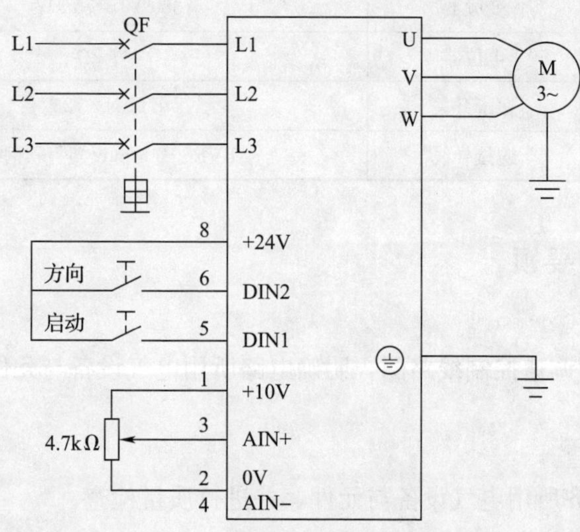

图 2—12—1　变频器模拟量调速控制线路

任务分析

常见传感器输出模拟信号为 0～10 V，其正极应接入变频器的 3 脚（AIN＋），负极应接入 4 脚（AIN－）。在本任务中不使用传感器，而是利用变频器内部 10 V 直流电源和外接 4.7 kΩ 电位器产生模拟电压信号，所以变频器的 2 脚（10 V 直流电源负极）要与 4 脚连接。当调节 4.7 kΩ 电位器时，3 脚输入电压的变化（0～10 V）控制变频器输出频率的变化（0～50 Hz），从而控制电动机转速范围为 0～额定转速。与完成任务 11 的步骤相同，当连接好控制线路并且变频器通电后，先输入相关参数，然后进行操作。

任务实施

一、准备工作

1. 工具

电工工具 1 套（验电笔、一字和十字旋具、钢丝钳、尖嘴钳、斜口钳、剥线钳等）。

2. 仪表

万用表 1 块，转速表 1 块。

3. 设备与器材

控制板、线槽、接线排、各种规格软线和紧固件、金属软管、编码套管等。设备与器材明细见表 2—12—1。

表 2—12—1　　　设备与器材明细表

序号	代号	名称	型号与规格	数量
1	M	异步电动机	380 V/0.40 A/0.18 kW/1 400 r/min	1
2	QF	电源开关	DZ5—20/330	1
3	MM420	变频器	380 V/0.75 kW	1
4		电位器	4.7 kΩ	1
5		钮子开关	ETEN—123	2
6		连接导线	BVR—1.5 mm^2塑料软铜线	若干

二、操作步骤与要领

1. 线路图识读

识读变频器模拟量调速控制线路图，明确电路所用电气设备与元件及其作用，熟悉线路的工作原理。

2. 设备与元件检查

按表 2—12—1 配齐所用电气设备与元件，并进行质量检查。

3. 线路安装

在控制板上根据图 2—12—1 所示线路图安装所有的电气设备与元件，并标上醒目的文字符号。接线并进行线路检查。

4. 检查无误后接通电源

5. 变频器参数设置（见表 2—12—2）

表 2—12—2　　　西门子变频器 MM420 模拟量调速参数设置

序号	参数代号	出厂值	设置值	说　明
1	P0010	0	30	调出厂设置参数，准备复位
2	P0970	0	1	恢复出厂值（恢复时间大约 60 s） 0 禁止复位、[1 参数复位]（变频器先停车）
3	P0003	1	3	参数访问级 1 标准级、2 扩展级、[3 专家级]、4 维修级
4	P0004	0	0	参数过滤器，可以快速访问不同的参数 [0 全部参数]、2 变频器参数、3 电动机参数、7 命令、8AD 或 DA 转换、10 设定值通道、12 驱动装置的特征、13 电动机控制、20 通信、21 报警、22 工艺参量控制（例如 PID）

续表

序号	参数代号	出厂值	设置值	说　明
5	P0010	0	1	调试用的参数过滤器 0 准备、1 启动快速调试、30 出厂设置参数 如果 P0010 被访问后没有设定为 0，变频器将不运行；如果 P3900>0，这一功能自动完成
6	P0100	0	0	工频选择：0，50 Hz；1，60 Hz
7	P0304	400	380	电动机的额定电压（V）
8	P0305	1.90	0.40	电动机的额定电流（A）
9	P0307	0.75	0.18	电动机的额定功率（kW）
10	P0310	50.00	50.00	电动机的额定频率（Hz）
11	P0311	1 395	1 400	电动机的额定速度（r/min）
12	P0700	2	2	选择控制命令源 1BOP 面板控制、2 外部数字端子控制
13	P1000	2	2	选择频率设定值 1 选择用 BOP 设定的频率值 2 选择外部模拟信号（电位器）设定的频率值 3 固定频率之和
14	P1080	0.00	0.00	电动机最小频率（Hz）
15	P1082	50.00	50.00	电动机最大频率（Hz）
16	P1120	10.00	6.00	启动加速时间（s）
17	P1121	10.00	6.00	停止减速时间（s）
18	P3900	0	1	结束快速调试
19	P0003	1	3	重新设置 P0003 为 3
20	P0004	0	7	快速访问命令通道
21	P0701	1	1	选择数字输入端 1 的功能 1 启动/停止控制、2 反转/停止控制 10 正向点动、11 反向点动 12 反转、16 固定频率设定值
22	P0702	12	12	选择数字输入端 2 的功能 1 启动/停止控制、2 反转/停止控制 10 正向点动、11 反向点动 12 反转、16 固定频率设定值
23	P0010	0	0	如不启动，检查 P0010 是否为 0

6. 操作试车

（1）把外接电位器逆时针慢慢旋转到底，输出频率设定为 0，把外接电位器慢慢顺时针旋转到底，输出频率逐步增大，频率范围为 0～50 Hz。

（2）正转启动。接通 DIN1 端，输出频率随电位器转动逐步增大，用转速表测量电动机的转速。

（3）反转。接通 DIN2 端，电动机正转停止，反转启动。

（4）停止。断开 DIN1 端。

（5）切断电源。

任务评价

评 分 标 准

序号	项目内容	评分标准		配分	得分
1	设备与元件检查	电气设备与元件漏检或错检，每处扣 1 分		10	
2	线路安装	（1）不按线路图安装，扣 15 分 （2）设备与元件安装不牢固，每只扣 5 分 （3）设备与元件安装不整齐、不匀称，每只扣 3 分 （4）损坏设备与元件，每只扣 10～15 分		20	
3	线路检查	（1）不按电路图接线，扣 5 分 （2）接点不符合要求，每个扣 2 分 （3）漏接接地线，扣 5 分		10	
4	参数设置	设置变频器参数错误，每处扣 10 分		30	
5	故障排除	（1）断电不验电，扣 5 分 （2）工具及仪表使用不当，每次扣 5 分 （3）排除故障的顺序不对，扣 5 分		10	
6	通电试车	（1）转速测试不准确，扣 5 分 （2）试车不成功，扣 15 分		20	
7	安全文明生产	（1）违反安全文明生产规程，扣 5～40 分 （2）发生人身和设备安全事故，不及格			
8	定额时间	2 h，超时扣 5 分			
9	备注		合计	100	

思考与练习

1. 设某异步电动机的额定转速为 1 400 r/min，若变频器模拟输入电压为 8 V，则电动机的实际转速为多少？

2. 设定 DIN1 端为启动/停止控制端，应设置变频器的哪个参数？

3. 设定 DIN2 端为反转控制端，应设置变频器的哪个参数？

任务 13　变频器多段速控制线路的装调

◆ 技能点

◎ 变频器多段速控制线路的装调

◎ 变频器多段速控制的操作

任务提出

电动机多段速控制在生产工艺中经常用到，例如，在一个加工过程中要求电动机分段增速或降速。本任务要求对如图 2—13—1 所示变频器多段速控制线路进行装调。数字输入端 DIN1 接通时为低速控制，输出频率 15 Hz；DIN2 端接通时为中速控制，输出频率 25 Hz；DIN1 端和 DIN2 端均接通时为高速控制，输出频率为两者控制频率之和，即 15＋25＝40 Hz；DIN1 端和 DIN2 端均断开时，输出停止。

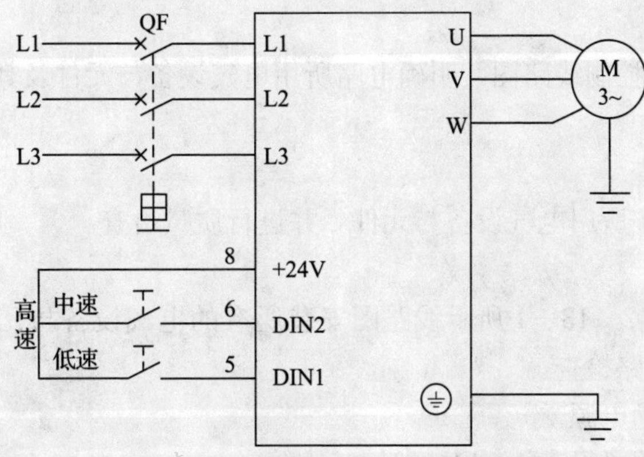

图 2—13—1　变频器多段速控制线路

任务分析

本任务使用数字输入端来控制变频器分段输出频率，这也是实际生产中变频器调速控制线路中使用较多的控制方式。与完成任务 11 的实施步骤相同，当连接好控制线路并且变频器通电后，先输入相关参数，然后进行操作。

任务实施

一、准备工作

1. 工具

电工工具 1 套（验电笔、一字和十字旋具、钢丝钳、尖嘴钳、斜口钳、剥线钳等）。

2. 仪表

万用表 1 块，转速表 1 块。

3. 设备与器材

控制板、线槽、接线排、各种规格软线和紧固件、金属软管、编码套管等。设备与器材明细见表 2—13—1。

表 2—13—1　　设备与器材明细表

序号	代号	名称	型号与规格	数量
1	M	异步电动机	380 V/0.40 A/0.18 kW/1 400 r/min	1
2	QF	电源开关	DZ5—20/330	1
3	MM420	变频器	380 V/0.75 kW	1
4		钮子开关	ETEN—123	2
5		连接导线	BVR—1.5 mm² 塑料软铜线	若干

二、操作步骤与要领

1. 线路图识读

识读变频器多段速控制线路图，明确电路所用电气设备与元件及其作用，熟悉线路的工作原理。

2. 设备与元件检查

按表 2—13—1 配齐所用电气设备与元件，并进行质量检查。

3. 线路安装

在控制板上根据图 2—13—1 所示线路图安装所有的电气设备与元件，并标上醒目的文字符号。接线并进行线路检查。

4. 检查无误后接通电源

5. 变频器参数设置（见表 2—13—2）

表 2—13—2　　西门子变频器 MM420 多段速参数设置

序号	参数代号	出厂值	设置值	说　明
1	P0010	0	30	调出厂设置参数，准备复位
2	P0970	0	1	恢复出厂值（恢复时间大约 60 s） 0 禁止复位、[1 参数复位]（变频器先停车）
3	P0003	1	3	参数访问级 1 标准级、2 扩展级、[3 专家级]、4 维修级
4	P0004	0	0	参数过滤器，可以快速访问不同的参数 [0 全部参数]、2 变频器参数、3 电动机参数、7 命令、8AD 或 DA 转换、10 设定值通道、12 驱动装置的特征、13 电动机控制、20 通信、21 报警、22 工艺参量控制（例如 PID）

续表

序号	参数代号	出厂值	设置值	说　明
5	P0010	0	1	调试用的参数过滤器 0 准备、1 启动快速调试、30 出厂设置参数 如果 P0010 被访问后没有设定为 0，变频器将不运行；如果 P3900>0，这一功能自动完成
6	P0100	0	0	工频选择：0，50 Hz；1，60 Hz
7	P0304	400	380	电动机的额定电压（V）
8	P0305	1.90	0.40	电动机的额定电流（A）
9	P0307	0.75	0.18	电动机的额定功率（kW）
10	P0310	50.00	50.00	电动机的额定频率（Hz）
11	P0311	1 395	1 400	电动机的额定速度（r/min）
12	P0700	2	2	选择控制命令源 1BOP 面板控制、2 外部数字端子控制
13	P1000	2	3	选择频率设定值 1 选择用 BOP 设定的频率值 2 选择外部模拟信号（电位器）设定的频率值 3 固定频率之和
14	P1080	0.00	0.00	电动机最小频率（Hz）
15	P1082	50.00	50.00	电动机最大频率（Hz）
16	P1120	10.00	6.00	启动加速时间（s）
17	P1121	10.00	6.00	停止减速时间（s）
18	P3900	0	1	结束快速调试
19	P0003	1	3	重新设置 P0003 为 3
20	P0004	0	7	快速访问命令通道
21	P0701	1	16	选择数字输入端 1 的功能 1 启动/停止控制、2 反转/停止控制 10 正向点动、11 反向点动 12 反转、16 固定频率设定值
22	P0702	12	16	选择数字输入端 2 的功能 1 启动/停止控制、2 反转/停止控制 10 正向点动、11 反向点动 12 反转、16 固定频率设定值
23	P0004	0	10	快速访问设定值通道
24	P1001	0.00	15.00	固定频率 1＝15 Hz
25	P1002	5.00	25.00	固定频率 2＝25 Hz
26	P0010	0	0	如不启动，检查 P0010 是否为 0

6. 操作试车

计算与变频器输出频率对应的电动机转速，待电动机运行后用转速表测速并与计算值作比较。如误差较大，应分析故障原因，排除故障后重新测试。

（1）低速。接通 DIN1 端，变频器输出频率 15 Hz，电动机低速运行。

（2）中速。接通 DIN2 端，变频器输出频率 25 Hz，电动机中速运行。

（3）高速。接通 DIN1 端和 DIN2 端，变频器输出频率 40 Hz，电动机高速运行。

（4）停止。断开 DIN1 端和 DIN2 端。

（5）切断电源。

任务评价

评 分 标 准

序号	项目内容	评分标准		配分	得分
1	设备与元件检查	电气设备与元件漏检或错检，每处扣 1 分		10	
2	线路安装	（1）不按线路图安装，扣 15 分 （2）设备与元件安装不牢固，每只扣 5 分 （3）设备与元件安装不整齐、不匀称，每只扣 3 分 （4）损坏设备与元件，每只扣 10～15 分		20	
3	线路检查	（1）不按电路图接线，扣 5 分 （2）接点不符合要求，每个扣 2 分 （3）漏接接地线，扣 5 分		10	
4	参数设置	设置变频器参数错误，每处扣 10 分		30	
5	故障排除	（1）断电不验电，扣 5 分 （2）工具及仪表使用不当，每次扣 5 分 （3）排除故障的顺序不对，扣 5 分		10	
6	通电试车	（1）转速测试不准确，扣 5 分 （2）试车不成功，扣 15 分		20	
7	安全文明生产	（1）违反安全文明生产规程，扣 5～40 分 （2）发生人身和设备安全事故，不及格			
8	定额时间	2 h，超时扣 5 分			
9	备注		合计		

思考与练习

1. 设定当 DIN1 端启动时，输出频率为 15 Hz，应设置变频器的哪个参数？
2. 设定当 DIN2 端启动时，输出频率为 20 Hz，应设置变频器的哪个参数？

3 模块三 单相异步电动机的使用与检修

任务1 单相异步电动机的拆装与检测

◆ 技能点
◎ 单相异步电动机的拆装
◎ 单相异步电动机的测试
◆ 知识点
◎ 单相异步电动机的分类
◎ 单相异步电动机的结构

任务提出

单相异步电动机是利用单相电源供电的交流电动机。它具有结构简单、运行可靠、维修方便、易获取电源等优点，因此应用十分广泛。例如，家用电器中的各类风扇、空调、吸尘器、洗衣机、电动工具等均使用单相异步电动机，机床设备中的油泵、气泵、冷却风机等也多使用单相异步电动机。本任务要求对单相交流异步电动机进行拆卸，充分了解单相异步电动机的结构，并对其进行重新装配以及简单测试。

任务分析

由于单相异步电动机可以直接接在 220 V 单相交流电源上，因此使用场合环境均比较差，需要经常定期清洗内部。要对单相异步电动机进行正确拆卸，首先必须了解单相异步电动机的分类及结构。在拆卸与装配过程中不但要观察单相异步电动机定子和转子的结构，而且要重点查看电动机的启动元件，区分电动机的启动类型。通过打开端盖，抽出笼型转子，观察定子和转子及启动元件的结构，并对单相交流异步电动机进行装配和检测。在拆装单相异步电动机时，严禁用铁锤猛烈敲击，只许使用木锤和尼龙锤。

相关知识

一、单相异步电动机的分类

按启动和运行方式分为五类：

(1) 单相电容运行式异步电动机。常用于家用小功率设备中或各种家用电器如电扇、吸尘器等设备中。

(2) 单相电容启动式异步电动机。常用于洗衣机、小型空气压缩机等。

(3) 单相电阻启动式异步电动机。常用于电冰箱、空调压缩机中。

(4) 单相双电容启动式异步电动机。这种电动机有较大的启动转矩，广泛用于小型机床设备。

(5) 单相罩极式异步电动机。适用于小功率负载，如仪表风扇等。

二、单相异步电动机的结构

单相异步电动机的结构与一般小型三相笼型异步电动机相似，如图 3—1—1 所示。

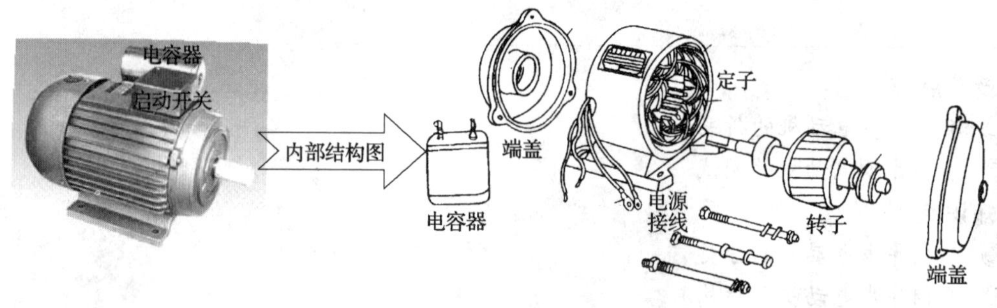

图 3—1—1 单相异步电动机的结构

1. 定子

定子由定子铁心、定子绕组和机座组成。

(1) 定子铁心。定子铁心用硅钢片叠压而成。

(2) 定子绕组。定子铁心槽内放置两套绕组，一套是主绕组，又称工作绕组；另一套是副绕组，又称启动绕组，如图 3—1—2 所示。

(3) 机座。机座是用铸铁或铝铸造而成，起固定铁心和支撑端盖的作用。

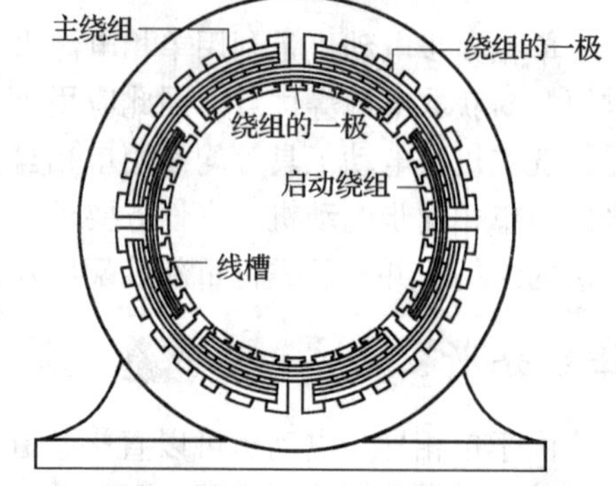

图 3—1—2 工作绕组和启动绕组的分布

2. 转子

单相异步电动机的转子与三相异步电动机笼型转子相同，采用笼型结构。

3. 启动元件

通常启动元件为电容器或电阻器。

4. 启动开关

启动开关的作用是启动时接通启动绕组，启动结束后自动切断启动绕组。

(1) 离心式启动开关。离心开关是常用的启动开关，一般安装在电动机端盖边的转子上。当电动机转子静止或转速较低时，离心开关的触头在弹簧的压力下处于接通位置，启动绕组通电；当电动机转速达到一定值后，离心开关中的重球产生的离心力大于弹簧的弹力，带动触头向右移动，触头断开，启动绕组断电。其结构如图 3—1—3 所示。

(2) 电流型启动继电器。电流型启动继电器主要用于专用电动机上，如冰箱压缩电动机等。其工作原理如图 3—1—4 所示，继电器的线圈与电动机的工作绕组串联，电动机启动时工作绕组电流大，继电器动作，触头闭合，接通启动绕组。随着转速上升，工作绕组电流减小，当启动继电器的电磁引力小于继电器铁心的重力及弹簧反作用力时，继电器复位，触头断开，切断启动绕组。

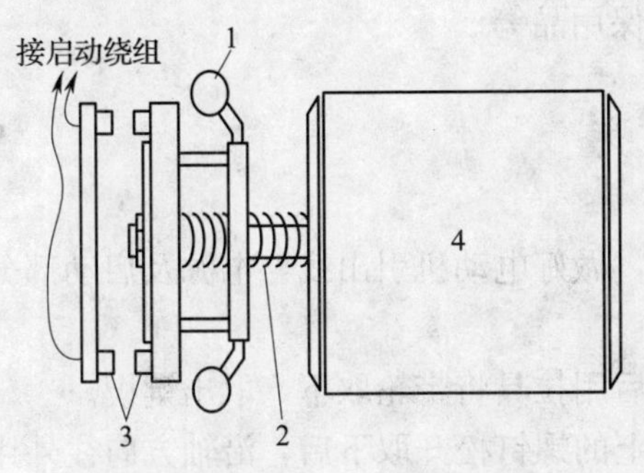

图 3—1—3　离心式开关结构

1—重球　2—弹簧　3—触头　4—转子

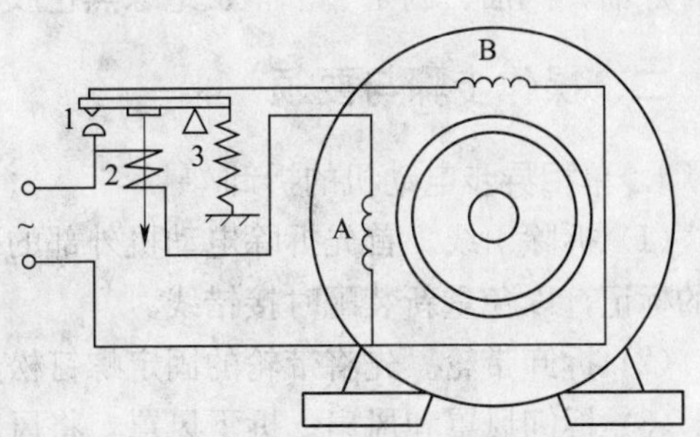

图 3—1—4　电流型启动继电器电动机启动电路

1—触头　2—线圈　3—弹簧

A—工作绕组　B—启动绕组

(3) PTC 元件。PTC 元件是一种正温度系数的热敏电阻器，从“通”至“断”的过程即为低阻态向高阻态转变过程，低阻态时阻值为几欧至几十欧，高阻态时阻值为几十千欧。PTC 元件与启动绕组 LF 串联，如图 3—1—5 所示，启动时 PTC 元件为低阻态，启动绕组通电，启动后 PTC 元件因通电升温转为高阻态，启动绕组断电。PTC 元件的特点是无触头、无电弧，工作可靠，安装方便，价格便宜。缺点是不能连续启动，两次启动时间要间隔 3～5 min。

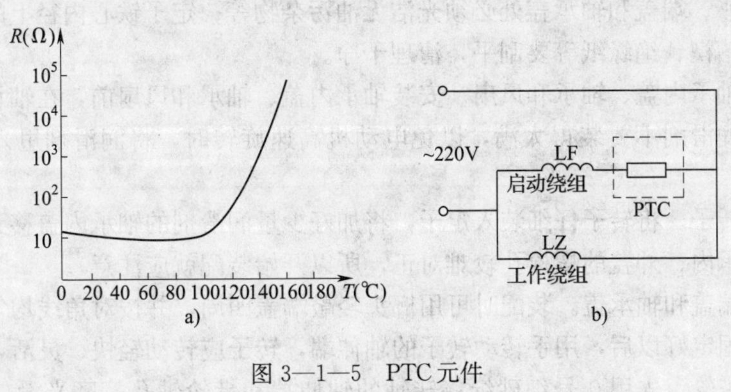

图 3—1—5　PTC 元件

a) 特性　b) 接线图

任务实施

一、准备工作

1. 工具

电工工具 1 套（验电笔、一字和十字旋具、钢丝钳、尖嘴钳、斜口钳、剥线钳、电工刀等)。三爪拉具、木锤、紫铜棒等拆装、接线、调试专用工具。

2. 仪表

数字万用表 1 块、兆欧表 1 块。

3. 设备与器材

小功率单相异步电动机 1 台。

煤油、汽油、刷子、干布、绝缘黑色胶布、劳保用品等。

二、操作步骤与要领

1. 单相异步电动机的拆卸

(1) 拆除引线。首先拆除电动机外部的引出线，做好电动机引出线与电源及启动部分对应的标记，以免重新装配时接错线。

(2) 拆卸带轮。先将带轮的固定螺钉松开，然后用拉具将带轮取下，取出键楔。

(3) 拆卸风罩和风扇。拆下风罩，将风扇套管上的螺钉松开取下后，沿轴方向往外用力将风扇取下。

(4) 拆卸前、后端盖和抽出转子。拆卸方法与三相异步电动机相同。抽出转子时注意不要碰到定子绕组以免损伤绕组线圈。

(5) 拆卸启动元件或启动开关。观察启动部分的类型和结构，注意其接线方式，做好标记后进行拆卸。

2. 单相异步电动机的装配

将各零部件清洗干净并检查完好后，按照与拆卸相反的顺序进行装配。

(1) 装配前的准备工作。单相电动机在装配前，应将定子、转子各零部件用汽油洗干净，特别是机座、端盖和轴承盖处必须光洁无油污杂物等；定子铁心内径上的杂物、高出定子铁心槽口的槽楔、绝缘纸等要刮平，清理干净。

(2) 安装轴承内盖、轴承和风扇。安装轴承内盖、轴承和风扇前，在轴承内盖上加一层润滑剂。注意润滑剂不要装得太满，以免电动机高速旋转时，将润滑剂甩入定子绕组和铁心内。

(3) 安装转子。将转子仔细装入定子，将加好少量润滑剂的轴承内盖移到紧靠轴承内侧的位置（因轴承内、外盖的螺栓孔较难对正，所以开始装配就应注意）。

(4) 装上端盖和轴承盖。装配时可用榔头轻敲端盖四周，并按对角线均匀对称逐步地旋紧螺栓。端盖固定好以后，用手转动转子的轴伸端，转子应转动轻快、灵活，无阻滞现象。

(5) 安装带轮。先用 0 号细砂纸将转轴的轴伸端和带轮轴孔打磨光滑，并刷上少量机油，然后将带轮套到转轴上并对准键槽位置，再用榔头垫着硬木将键轻轻敲入键槽内。

(6) 安装启动部分。安装启动元件或启动开关，恢复接线。

3. 单相异步电动机的测试

(1) 测量绕组间以及绕组对地绝缘电阻。电动机组装后要进行绝缘测试，用兆欧表测量工作绕组与启动绕组间以及绕组与外壳间的绝缘电阻值，阻值大于 0.5 MΩ 以上为合格，否则必须进行绝缘处理。

(2) 测量绕组直流电阻。用万用表分别测量工作绕组和启动绕组的直流电阻值，通常为几欧至十几欧左右。启动绕组的阻值大于工作绕组的阻值。

（3）测试启动元件或启动开关。用万用表欧姆挡测试启动电容器，电容器应有充放电现象。用万用表欧姆挡测试 PTC 元件，冷态时阻值约为几欧。用万用表欧姆挡测试启动开关的触头，应为接通状态。

任务评价

评分标准

序号	项目内容	评分标准		配分	得分
1	准备工作	（1）未将所需工具、仪表和设备与器材准备好，每少1件扣2分 （2）未采用安全保护措施，扣2分		10	
2	做好标记	在引出线端和前后端盖等部件做好记号，每做错一步扣2分		5	
3	单相异步电动机拆卸	（1）拆除电动机外部引线方法不正确，扣5分 （2）拆卸带轮方法不正确，扣5分 （3）拆卸风扇方法不正确，扣5分 （4）拆卸端盖和抽出转子方法不正确，扣5分 （5）拆前、后轴承方法不正确，扣5分 （6）拆卸启动部分方法不正确，扣5分		35	
4	单相异步电动机装配	（1）转子装入方法不正确，扣5分 （2）端盖安装方法不正确，扣5分 （3）旋紧螺栓方法不正确，扣5分 （4）安装带轮方法不正确，扣5分 （5）安装启动部分不正确，扣5分		30	
5	单相异步电动机测试	测试方法不正确，每项扣5分		20	
6	安全文明生产	（1）违反安全文明生产规程，扣5～40分 （2）发生人身和设备安全事故，不及格			
7	定额时间	3 h，超时扣5分			
8	备注		合计	100	

思考与练习

1. 单相异步电动机按启动和运行方式分为哪几类？
2. 单相异步电动机的结构有哪些？
3. 启动元件和启动开关有哪些种类？作用是什么？

任务 2　单相异步电动机的反转和调速控制

◆ **技能点**

◎ 单相异步电动机的反转控制

◎ 单相异步电动机的调速控制

◆ **知识点**

◎ 单相电容运行式异步电动机的工作原理

◎ 单相异步电动机的反转

◎ 单相异步电动机的调速

任务提出

在工农业生产和日常生活中，由于单相异步电动机结构简单，运行可靠，因此得到较为广泛的应用。如洗衣机、排气扇的正反转，各种风机型负载以及压缩机的风速调节都是通过对单相异步电动机正反转控制和调速控制实现的。本任务要求对洗衣机电动机进行正反转控制和对风扇电动机进行调速控制。

任务分析

要想对单相异步电动机实现反转控制和调速控制，首先应该学习单相异步电动机的工作原理，由于单相交流电在单相异步电动机绕组中只能产生脉动磁场，所以掌握单相异步电动机如何利用启动元件产生旋转磁场是本任务的重中之重。

在对单相异步电动机正反转控制线路进行装调时，首先将单相异步电动机的两个绕组并联在一起，将电容器串联在一个绕组上，通电试车观察电动机的转向；然后将电容器串联在另一个绕组上，再通电试车观察电动机的转向。在对单相异步电动机调速控制线路进行装调时，在其中的一个绕组上串联上可调电抗器，通电时通过调节可调电抗器观察电动机的转速。整个过程中要特别注意分清工作绕组和启动绕组。

相关知识

一、单相电容运行式异步电动机的工作原理

在三相异步电动机模块中曾讲到，当三相定子绕组通入三相对称交流电流时，产生旋转磁场，在电磁力矩的作用下转子转动；而单相电动机的工作绕组通入单相交流电时，产生的是脉动磁场而不是旋转磁场，脉动磁场并不能使转子自行启动。

1. 脉动磁场的电磁转矩

单相异步电动机工作绕组通入单相交流电时，产生的脉动磁场如图 3—2—1a 所示。脉动磁场的磁通大小随电流瞬时值而变化，但脉动磁场的轴线空间位置不变，因此磁场不会旋

转，当然也不会产生启动力矩。但可以应用矢量分解的方法，把这个脉动磁场分解成两个大小相等（$B_1=B_2$）、方向相反的旋转磁场。从图 3—2—1b 中看出：在 t_0时刻 B_1、B_2处在反向位置，矢量合成为零；在 t_1时刻 B_1顺时针旋转 45°，B_2逆时针旋转 45°，矢量合成为$\sqrt{2}B_1$；在 t_2时刻 B_1、B_2又各转了 45°，相位一致，矢量合成为 $2B_1$……如此继续旋转下去，两个正、反向旋转的磁场就合成了时间上随正弦交流电变化的脉动磁场。

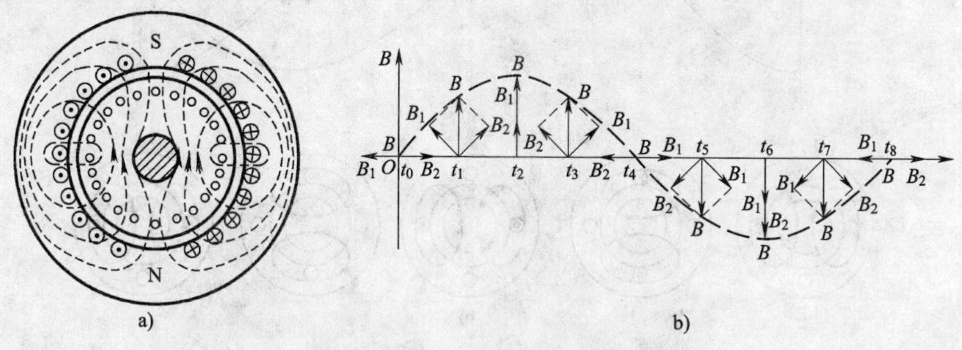

图 3—2—1 单相脉动磁场及其分解

a）单相电动机工作绕组的脉动磁场 b）脉动磁场的分解

将脉动磁场分解成两个大小相等（$B_1=B_2$）、方向相反的旋转磁场，这两个旋转磁场产生的转矩曲线如图 3—2—2 中的两条虚线所示。转矩曲线 T_1是顺时针旋转磁场产生的，转矩曲线 T_2是逆时针旋转磁场产生的。在 $n=0$ 处，两个力矩大小相等、方向相反，合成力矩 $T=0$。在 $n\neq0$ 处，两个力矩大小不相等、方向相反，合成力矩 $T\neq0$。图中合成力矩 T 用实线表示，可以看出，脉动磁场虽然启动力矩为零，但启动后电动机就有运转力矩了，电动机正反向都可转动，旋转方向由启动时所加外力的方向决定。因此，单相异步电动机必须施加初始外力，才能使电动机启动运转。

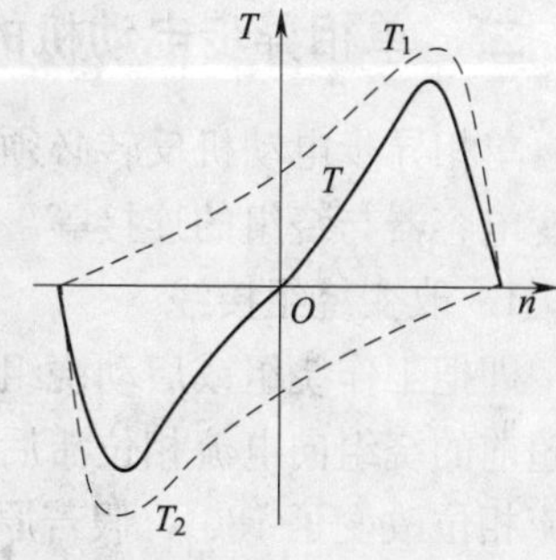

图 3—2—2 单相异步电动机的转矩特性

2. 单相电容运行式异步电动机的工作原理

（1）在电动机定子铁心上彼此间隔 90°嵌放两套绕组，主绕组 LZ（又称工作绕组）和副绕组 LF（又称启动绕组）。

（2）在启动绕组 LF 中串入电容器，再与工作绕组并联在单相交流电源上，经电容器分相后，产生两相相位差 90°的交流电，如图 3—2—3a 所示。

（3）与三相电流产生旋转磁场一样，相位差 90°的两相电流也能产生如图 3—2—3b 所示的旋转磁场。旋转磁场的转速为

$$n_s=\frac{60f}{p}$$

（4）转子在旋转磁场中受电磁转矩的作用与旋转磁场同向异步转动。

如果单相异步电动机运转后，启动绕组切断，转子在合成力矩作用下继续旋转，称为电容启动式异步电动机，适用于较轻负载。如果启动绕组一直保持接通状态，称为电容运行式异步电动机，其电磁力矩较大，适用于较重负载。

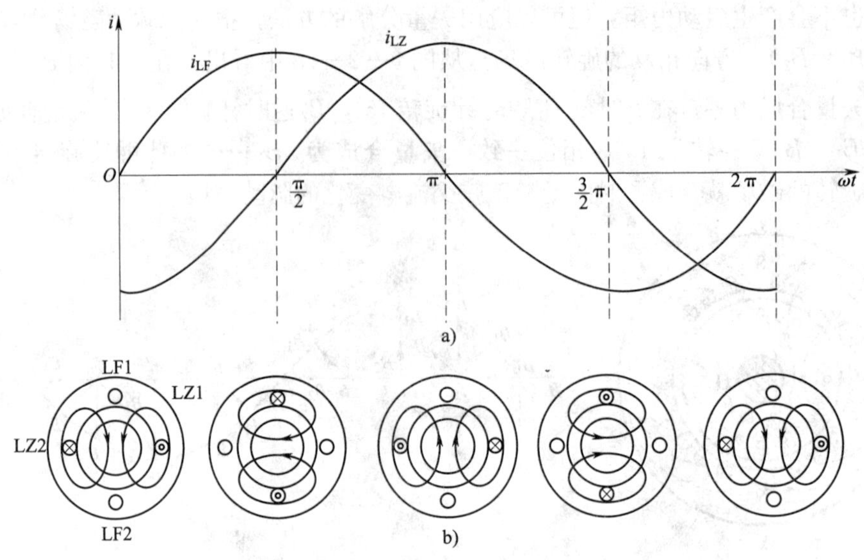

图 3—2—3　两相旋转磁场的形成

a）交流电波形　b）旋转磁场

二、单相异步电动机的反转

单相异步电动机反转必须要旋转磁场反转，改变旋转磁场方向的方法有改变绕组接线和改变电容器与绕组的连接等。

1. 改变绕组接线

即把工作绕组或启动绕组中的一组首端和末端对调。因为异步电动机的转向是从电流相位超前的绕组向电流相位滞后的绕组旋转，如果把其中的一个绕组反接，等于把这个绕组的电流相位改变了 180°，假若原来这个绕组是超前 90°，则改接后就变成了滞后 90°，结果旋转磁场的方向随之改变。

2. 改变电容器与绕组的连接

如洗衣机电动机需要定时正、反转，其控制线路如图 3—2—4 所示。这种单相异步电动机的工作绕组与启动绕组需要互换，所以工作绕组、启动绕组的线圈匝数、粗细、占槽数都应相同。

当定时器开关处于图中所示位置时，电容器串联在 LZ 绕组上，I_{LZ}电流超前于 I_{LF} 相位约 90°；经过一定时间后，定时器开关将电容器从 LZ 绕组切断，串联到 LF 绕组，则 I_{LF} 电流超前于 I_{LZ} 相位约 90°。从而实现了电动机的反转。

三、单相异步电动机的调速

单相异步电动机的调速方式一般有串电抗器调速、绕组内部抽头调速、晶闸管调速等。

1. 串电抗器调速

将电抗器与电动机的两个绕组串联，利用电抗器产生电压降，使电动机绕组上的电压下降，从而将电动机转速由额定转速往下调，其控制电路如图 3—2—5 所示。这种调速方法简单、操作方便，但只能有级调速，且电抗器上消耗电能。在老式电风扇上常使用这种调速方式。

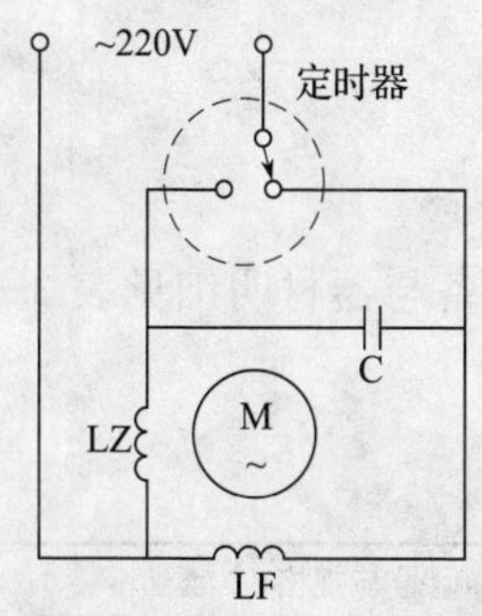

图 3—2—4　洗衣机电动机的正反转控制线路

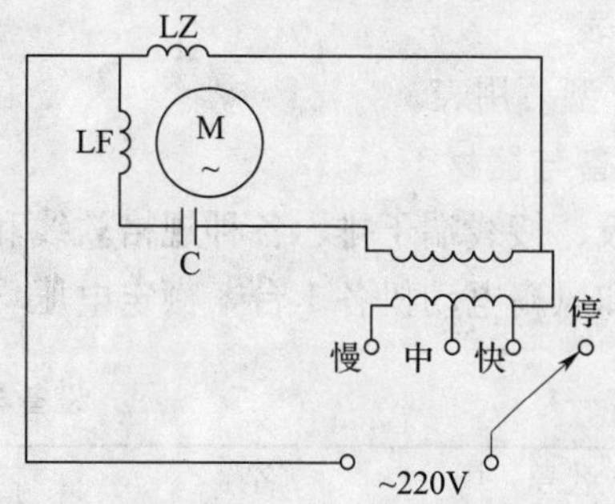

图 3—2—5　串电抗器调速控制电路

2. 绕组内部抽头调速

电动机定子铁心嵌放有工作绕组 LZ、启动绕组 LF 和中间绕组 LL，通过开关改变中间绕组与工作绕组及启动绕组的接法，从而改变电动机内部气隙磁场的大小，使电动机的输出转矩也随之改变，在一定的负载转矩下，电动机的转速也变化，其电路原理如图 3—2—6 所示。这种调速方法不需电抗器，材料省、耗电少，但绕组嵌线和接线复杂，电动机和调速开关接线较多，且是有级调速。

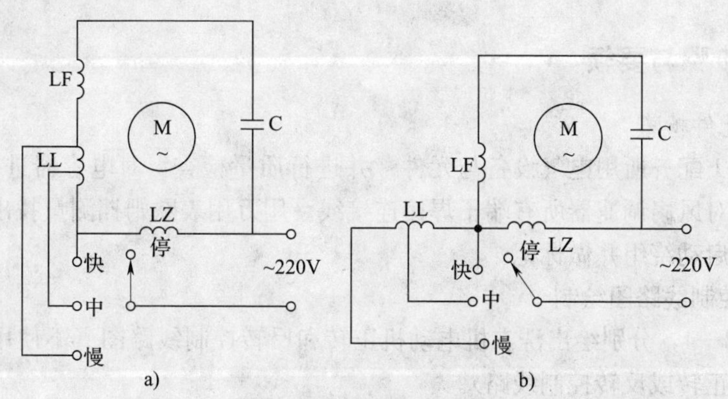

图 3—2—6　绕组抽头调速控制电路

a）内置抽头　b）外置抽头

3. 晶闸管调速

利用改变晶闸管的导通角，来改变加在单相异步电动机上的交流电压，从而调节电动机的转速，其电路原理如图 3—2—7 所示。这种调速方法可以做到无级调速，节能效果好，常用于新式电风扇调速。

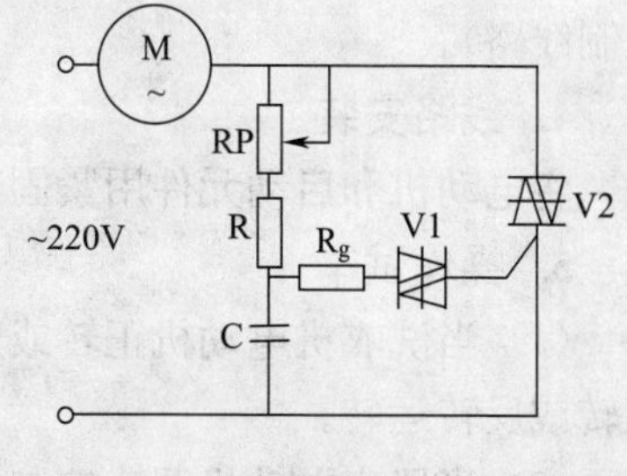

图 3—2—7　晶闸管调速控制电路

任务实施

一、准备工作

1. 工具

电工工具 1 套（验电笔、一字和十字旋具、钢丝钳、尖嘴钳、斜口钳、剥线钳、电工刀等）。

2. 仪表

MF30 型万用表。

3. 设备与器材

控制板、接线端子排、各种规格软线和紧固件等。设备与器材明细见表 3—2—1。洗衣机电动机和风扇电动机各 1 台，额定电压均为交流 220 V。

表 3—2—1　　设备与器材明细表

序号	代号	名称	型号与规格	数量
1	M1	单相电动机	洗衣机电动机	1
2	C1	启动电容	与 M1 配套（$n\times1$ μF，450 V）	1
3	M2	单相电动机	风扇电动机	1
4	C2	启动电容	与 M2 配套（$n\times1$ μF，450 V）	1
5	L	风扇调速器	与 M2 配套	1
6	QS	电源开关	HZ10—10/2	2
7	FU	熔断器	RL1—15/5，配熔体 5 A	2
8		连接导线	BVR—1.5 mm^2 塑料软铜线	若干

二、操作步骤与要领

1. 设备与元件检查

按表 3—2—1 配齐所用电气设备与元件，并进行质量检查。对电容器进行充放电检查，并焊接连接线。对风扇调速器所有端子焊接连接线。用万用表欧姆挡测量找出单相异步电动机的工作绕组和启动绕组并做标记。

2. 正反转控制线路图绘制

参考图 3—2—4，分别绘出洗衣机电动机正转和反转控制线路图（不使用定时器，利用端子排分别组装正转或反转控制线路）。

3. 调速控制线路图绘制

参考图 3—2—5，绘出风扇电动机调速控制线路图（利用风扇调速器和端子排组装调速控制线路）。

4. 线路安装

将电动机和启动元件用紧固件安装在控制板上，利用端子排连接线路并进行线路检查。

5. 操作试车

（1）当洗衣机电动机正转或反转控制线路接好后，闭合电源开关 QS，电动机应分别做正转或反转运转。

（2）当风扇电动机调速控制线路接好后，闭合电源开关，旋转调速器旋钮，风扇电动机应逐级变速运转。

三、注意事项

（1）单相异步电动机接线时，需正确区分工作绕组与启动绕组，并注意它们的首尾端。

通常单相异步电动机的启动绕组直流电阻值大于工作绕组直流电阻值，但洗衣机电动机的两个绕组直流电阻值相同。

（2）更换电容器时，电容器的容量和工作电压必须与原规格相同。启动电容器应选用专用的电解电容器，其耐压值要远大于电源电压的最大值。

（3）可以用万用表欧姆挡测试启动电容器的好坏，电容器充放电时万用表指针偏转角度较大者电容量也较大。电容器的漏电则越小越好。

任务评价

评分标准

序号	项目内容	评分标准		配分	得分
1	准备工作	（1）未将所需工具、仪表和设备与器材准备好，每少1件扣5分 （2）未采用安全保护措施，扣10分 （3）不会检测启动电容器的好坏，扣10分 （4）判断启动绕组和工作绕组错误，扣10分 （5）绘制控制线路图错误，每处扣5分		40	
2	正反转与调速控制	（1）控制线路接线错误，每处扣10分 （2）电动机不能正转或反转，每次扣10分 （3）电动机不能调速，每次扣10分		60	
3	安全文明生产	（1）违反安全文明生产规程，扣5～40分 （2）发生人身和设备安全事故，不及格			
4	定额时间	4 h，超时扣5分			
5	备注		合计	100	

思考与练习

1. 单相异步电动机启动时仅工作绕组通电能产生旋转磁场吗？为什么？
2. 简述单相电容运行式异步电动机的启动原理。
3. 简述单相电容运行式异步电动机的正反转原理。

任务3　单相异步电动机的检修

◆ 技能点

◎ 单相异步电动机常见故障的判断和排除

◆ 知识点

◎ 单相异步电动机的常见故障及其原因

◎ 通电后电动机不转的故障处理

任务提出

由于单相异步电动机使用单相交流电源供电，在家庭生活和日常生产需要机械动力的电器中应用非常广泛，因此对于单相异步电动机的维修也显得尤为重要。本任务要求对一台通电后不转的单相异步电动机进行故障排除。

任务分析

单相异步电动机的检修与三相异步电动机类似，即通过听、看、闻、摸等手段观察电动机的运行状态，分析和判断故障所在。单相异步电动机虽然与三相异步电动机在故障排除和检修方面有许多共性的地方，但单相异步电动机又具有自身的特点，尤其是启动部分容易出现故障。

要想对有故障的单相异步电动机进行故障排除，准备一台通电后不转的单相异步电动机，首先对其断电检查，然后对其通电检查，结合单相异步电动机的常见故障，并根据故障现象判断故障可能产生的部位，确定和更换损坏的部件，完成单相异步电动机的故障判断和故障排除。当故障排除后，应对其进行通电试车，检查其性能的好坏。

相关知识

一、单相异步电动机的常见故障及其原因（见表 3—3—1）

表 3—3—1　　单相异步电动机常见故障及其原因分析

常见故障	故障出现原因
无法启动	（1）通电即断熔丝，电动机绕组可能短路 （2）电源电压过低，造成启动转矩太小而无法启动 （3）电动机定子绕组断路，正常时绕组直流电阻值一般为几欧至几十欧 （4）启动电容器损坏、失效或引线脱焊 （5）离心开关或电流继电器常闭触头未闭合 （6）调速器绕组线圈断路或滑动触头接触不良 （7）启动元件为 PTC，停车后立即再次启动，PTC 元件未降温 （8）转子卡住或过载，正常时转子应能用手平滑转动
启动转矩很小	（1）离心开关触头接触不良 （2）电容器容量减小
电动机转速低于正常转速	（1）电源电压偏低 （2）绕组个别匝间短路，造成电动机气隙磁场不强，电动机转差率增大 （3）离心开关触头无法断开，启动绕组未切断。正常运行时，启动绕组磁场影响工作绕组磁场 （4）电容运行式电动机的电容量减小 （5）电动机负载过重
电动机过热	（1）工作绕组或电容运行式电动机的启动绕组个别匝间短路或接地 （2）电容启动式电动机的工作绕组与启动绕组相互接错 （3）电容启动式电动机的离心开关触头无法断开，使启动绕组长期运行而发热 （4）轴承发热，润滑油中的基础油脂挥发，润滑油干涸，降低润滑性能

续表

常见故障	故障出现原因
电动机转动时噪声大或振动大	(1) 绕组短路或接地 (2) 轴承损坏或缺少润滑油 (3) 定子与转子空隙中有杂物 (4) 电动机的风扇风叶变形、不平衡 (5) 电动机安装不良或负载不平衡

二、通电后电动机不转的故障处理

1. 电动机通电后不转，发出“嗡嗡”声，用外力推动后可正常旋转

(1) 用万用表检查启动绕组是否断开。如在槽口处断开，则只需一根相同规格的绝缘线把断开处焊接，加以绝缘处理；如内部断线，则要更换绕组。

(2) 对单相电容启动式异步电动机，检查电容器是否失效或断路。如果失效，更换同规格（容量与耐压值相同）的电容器。

(3) 对单相电阻式异步电动机，用万用表检查电阻元件是否损坏。如损坏，更换同规格的电阻器。

(4) 对开关启动式单相异步电动机，要检查离心开关（或电流继电器）动作是否异常。如触头闭合不上，可能是有杂物进入，使铜触片卡住而无法动作，也可能是弹簧拉力太松或损坏。处理方法是清除杂物或更换离心开关（或电流继电器）。

(5) 对单相罩极式异步电动机，检查短路环是否断开或脱焊，更换或焊接短路环。

2. 电动机通电后不转，发出“嗡嗡”声，外力推动也不能使之旋转

(1) 检查电动机是否过载，若过载则减载。

(2) 检查轴承是否损坏或卡住，若是则修理或更换轴承。

(3) 检查定子、转子铁心是否相擦，若是轴承松动造成，应更换轴承，否则应锉去相擦部位，校正转子轴线（转子与定子的同轴度）。

(4) 检查主绕组和副绕组接线，若接线错误，重新接线。

3. 电动机通电后不转，没有“嗡嗡”声，外力也不能使之旋转

(1) 检查电源是否断线，熔断器是否断路，恢复供电。

(2) 检查进线线头是否松动，重新接线。

(3) 检查工作绕组是否断路、短路，找出故障点，修复或更换绕组。

任务实施

一、准备工作

1. 工具

电工工具 1 套（验电笔、一字和十字旋具、钢丝钳、尖嘴钳、斜口钳、剥线钳、电工刀等）。

2. 仪表

指针式万用表 1 块、兆欧表 1 块、钳形电流表 1 块。

3. 设备与器材

故障电动机（指导老师在单相异步电动机上设置不同的机械或电气故障，由学生排除）。

二、操作步骤与要领

1. 断电检查

（1）检查电动机转子能否轻松地用手转动，电动机轴承有无异常响声，排除机械方面可能出现的故障。

（2）用万用表测试电源电压，检查电源开关、熔断器、电源连接线等是否正常。

（3）用万用表测试接线盒内绕组的直流电阻，排除绕组断路、短路故障。

（4）用兆欧表测试绕组的绝缘电阻，检查绕组间或绕组对地是否存在短路故障。

（5）用万用表对电容器进行充放电试验，检查电容器的容量是否减小。

（6）用万用表检查启动电路是否存在故障。

对断电检查出的故障排除后，可将电动机接通电源，进行通电检查。

2. 通电检查

如果电动机通电后出现故障，请参考相关知识对故障现象进行分析，找出故障根源，排除故障，直到电动机能够正常运转。用电流表测试电动机的运行电流，如果电动机空载运行，空载电流远低于额定电流；如果电动机负载运行，负载电流应小于额定电流。

3. 故障排除报告

故障排除后，应向指导老师说明故障现象和排除方法，并请指导老师复检。

任务评价

评 分 标 准

序号	项目内容	评分标准		配分	得分
1	准备工作	（1）未将所需工具、仪表和设备与器材准备好，每少1件扣2分 （2）未采用安全保护措施，扣10分		20	
2	故障检修与排除	（1）故障现象描述不正确，每处扣10分 （2）故障原因分析不正确，每处扣10分 （3）检修方法不正确，每处扣10分 （4）未排除故障，扣20分		80	
3	安全文明生产	（1）违反安全文明生产规程，扣5～40分 （2）发生人身和设备安全事故，不及格			
4	定额时间	2 h，超时扣5分			
5	备注		合计	100	

思考与练习

1. 简述单相异步电动机无法自行启动，但能正常运转的故障原因。
2. 如何用指针式万用表判断启动或运行电容器的好坏？

直流电动机控制线路的装调与维护

任务 1　直流电动机的拆装与检测

◆ 技能点

◎ 直流电动机的拆卸

◎ 直流电动机的装配

◎ 直流电动机的测试

◆ 知识点

◎ 直流电动机的基本结构

◎ 直流电动机的铭牌

◎ 直流电动机的分类

◎ 直流电动机的工作原理

任务提出

直流电动机与交流电动机相比，具有调速方便、平滑、范围广的突出优点，因此在轧钢机、电力机车、无轨电车、龙门刨床等对调速要求较高的生产机械上广泛使用。在交流电源不易到达的地方，例如汽车、船舶上也经常使用直流电动机。本任务要求对一台 Z2—32 型直流电动机进行拆卸与安装，从而了解直流电动机的结构及其特征。

任务分析

要想掌握直流电动机的拆装和检测过程，首先必须了解直流电动机的结构和铭牌数据，掌握直流电动机的分类和工作原理。准备一台 Z2—32 型直流电动机，认真分析观察其定子和电枢的结构，看懂铭牌数据，掌握其工作原理。然后按以下步骤对直流电动机进行拆卸、装配和测试：打开端盖及电刷，抽出电枢；观察定子和电枢的结构；然后组装直流电动机；最后对直流电动机进行通电运行并测试相关数据。

由于直流电动机的结构比交流电动机复杂，因此在拆卸过程中要注意做好标记，以方便恢复电动机原状，在拆装过程中要保护好电枢绕组的绝缘。

相关知识

一、直流电动机的基本结构

直流电动机由两大部分组成：定子和电枢，如图 4—1—1 所示。

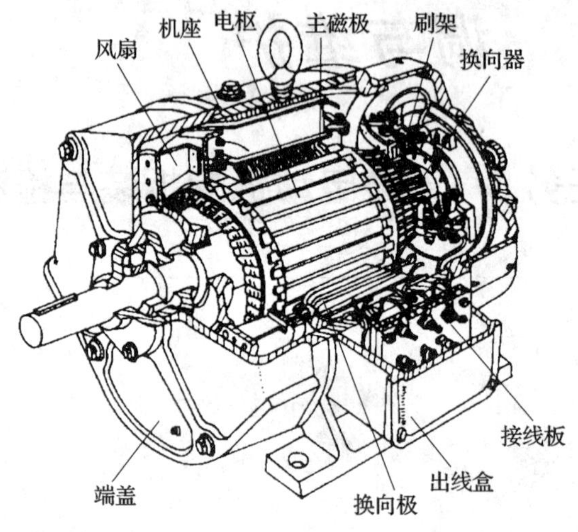

图 4—1—1 直流电动机的内部结构

1. 定子

定子部分包括机座、主磁极、换向极、端盖、电刷装置等。

（1）机座。如图 4—1—2 所示，机座上安装主磁极、换向极，并通过端盖支撑电枢部分。机座通常用铸钢件经机械加工而成，也有的采用钢板焊接而成。

（2）主磁极。主磁极如图 4—1—3 所示，由铁心和绕组组成，用于产生主磁场。铁心用薄钢板冲制后叠装而成，绕组用漆包线（用于小型电动机）或扁铜线（用于大中型电动机）绕制而成。

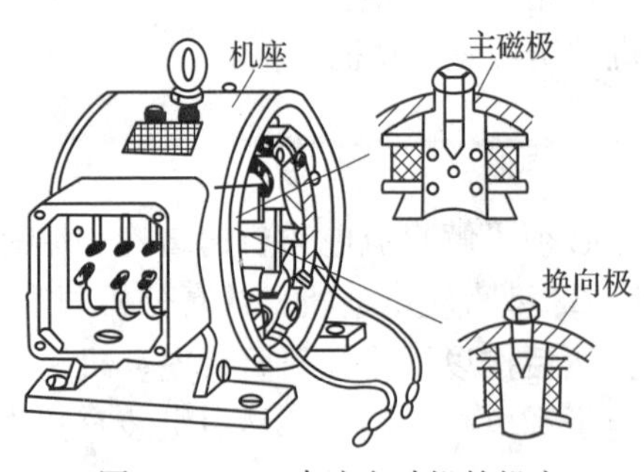

图 4—1—2 直流电动机的机座

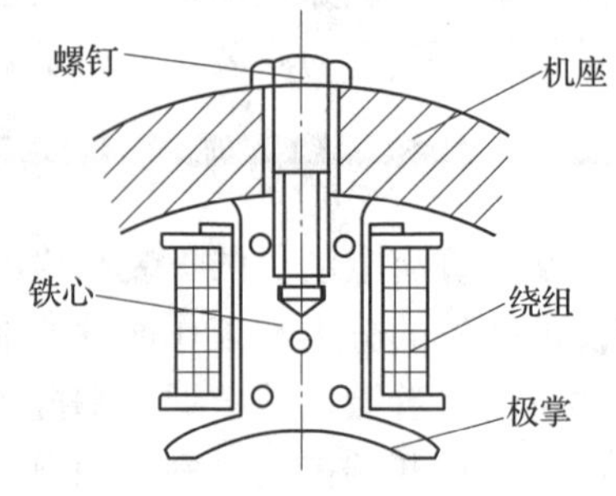

图 4—1—3 主磁极结构

（3）换向极。换向极如图 4—1—4 所示，是位于两个主磁极之间的小磁极，又称为附加极，用于产生换向磁场，以减小电流换向时产生的火花，它也由铁心和绕组组成。铁心由整块钢制成，换向极绕组与主磁极绕组一样，也用漆包线或扁铜线绕制而成，并经绝缘处理，固定在铁心上。换向极绕组一般与电枢绕组串联，并且安装在两个相邻主磁极间的中性线上。

（4）端盖。端盖用于安装轴承和支撑电枢，一般均为铸钢件。

（5）电刷装置。电刷装置如图 4—1—5 所示，通过电刷与换向器表面滑动接触，把电源电流引入电枢。电刷装置一般由电刷、刷握、刷杆、刷杆座等部分组成，电刷用石墨粉压制而成，也称为碳刷。

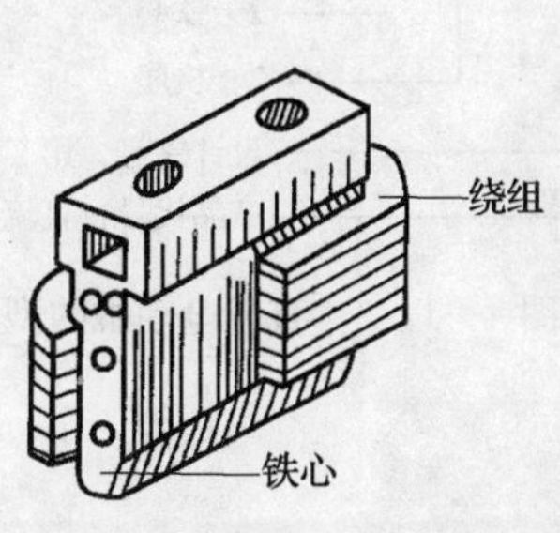

图 4—1—4　换向极结构

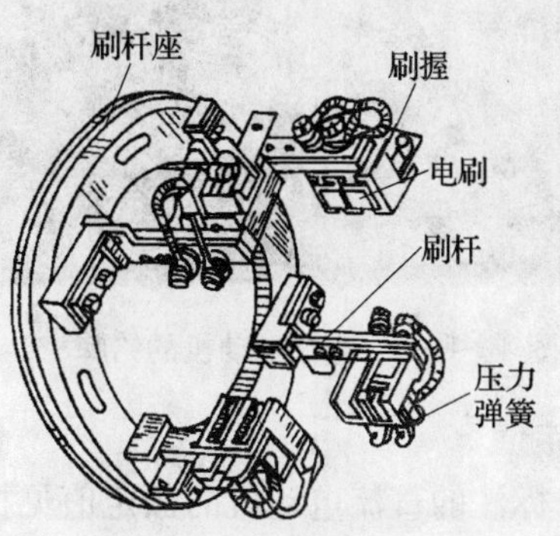

图 4—1—5　电刷装置结构

2. 电枢

电枢部分如图 4—1—6 所示，包括电枢铁心、电枢绕组、换向器、转轴和风扇。

（1）电枢铁心。电枢铁心一般由厚 0.5 mm 的硅钢片叠压而成，其作用是导磁和嵌放电枢绕组。

（2）电枢绕组。电枢绕组由圆形或矩形绝缘导线按照一定规律绕制而成，通过电流后在主磁场中受到电磁力的作用，从而产生电磁转矩。

（3）换向器。换向器的主要组成部分是换向片和云母片，其结构形式如图 4—1—7 所示。换向器将外加在电刷间的直流电流转换成电枢绕组中的交流电流。

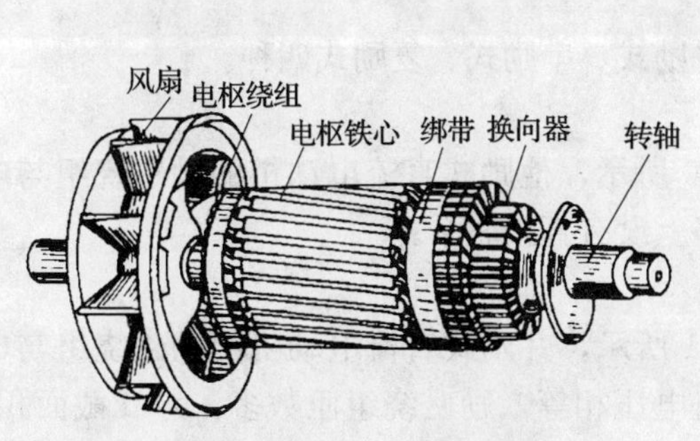

图 4—1—6　直流电动机的电枢

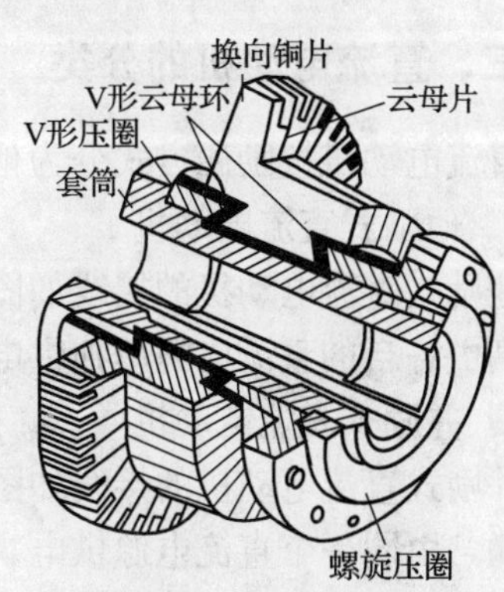

图 4—1—7　换向器结构

（4）转轴。转轴一般用合金钢锻压加工而成，转轴用来传递转矩。

（5）风扇。风扇用来散热。

二、直流电动机的铭牌（见图 4—1—8）

1. 型号

铭牌上标注的直流电动机的型号如图 4—1—9 所示。

图 4—1—8　直流电动机的铭牌

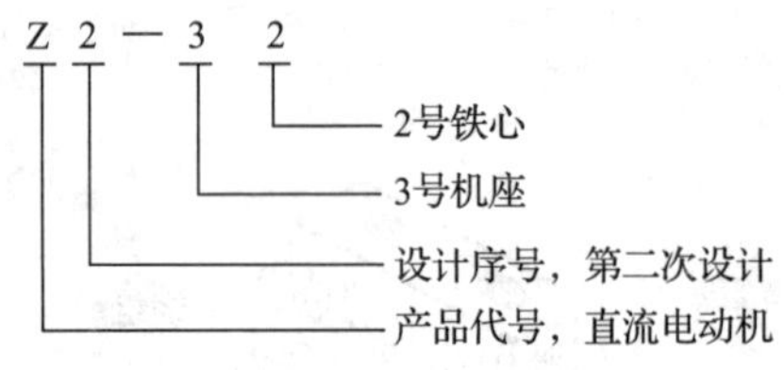

图 4—1—9　直流电动机的型号

2. 额定值

铭牌上标注的直流电动机的额定值见括号内。

（1）额定功率 P_N（2.2 kW）。指电动机在额定工作条件下所能输出的机械功率。

（2）额定电压 U_N（220 V）。指电动机正常工作时输入的直流电源电压。

（3）额定电流 I_N（12.4 A）。对应于额定电压和输出额定功率时的电源输入电流。

（4）额定转速 n_N（1 500 r/min）。指电压、电流和输出功率都为额定值时的转速。

（5）励磁方式（并励）。直流电动机励磁绕组和电枢绕组的接线方式。

（6）额定励磁电压 U_{LN}（220 V）。指电动机额定运行时所需要的励磁电压。

（7）工作方式（连续）。指电动机按额定值工作时持续运行时间的限制。工作方式分为连续、短时和断续三种。

（8）绝缘等级（定子 B、电枢 E）。表示电动机各绝缘部分所用绝缘材料的等级，绝缘材料按耐热性能分为五个等级，见表 2—1—2。

三、直流电动机的分类

直流电动机按励磁方式分为他励式、并励式、串励式、复励式四种。

1. 他励式直流电动机

他励式直流电动机的接线如图 4—1—10 所示，他励式直流电动机的励磁绕组与电枢绕组分别由各自的直流电源单独供电，在电路上没有直接联系。

2. 并励式直流电动机

并励式直流电动机的接线如图 4—1—11 所示，并励式直流电动机的励磁绕组与电枢绕组并联，由同一个直流电源供电。两个绕组电压相等，励磁绕组匝数多，导线截面积较小，励磁电流只占电枢电流的一小部分。

3. 串励式直流电动机

串励式直流电动机的接线如图 4—1—12 所示，串励式直流电动机的励磁绕组与电枢绕组串联，由同一个直流电源供电，流过励磁绕组和电枢绕组的电流相等。励磁绕组匝数少，

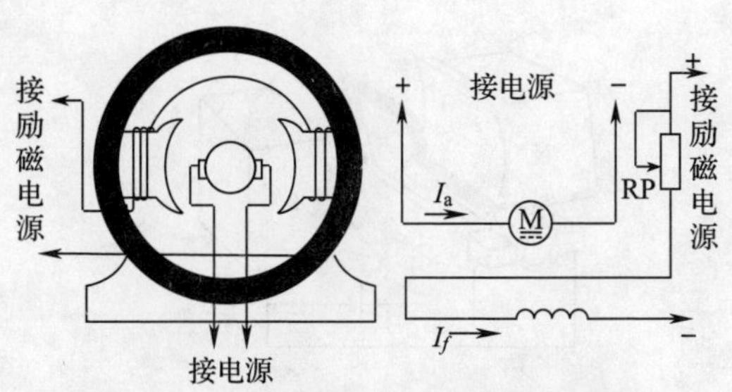

图 4—1—10　他励式直流电动机接线图

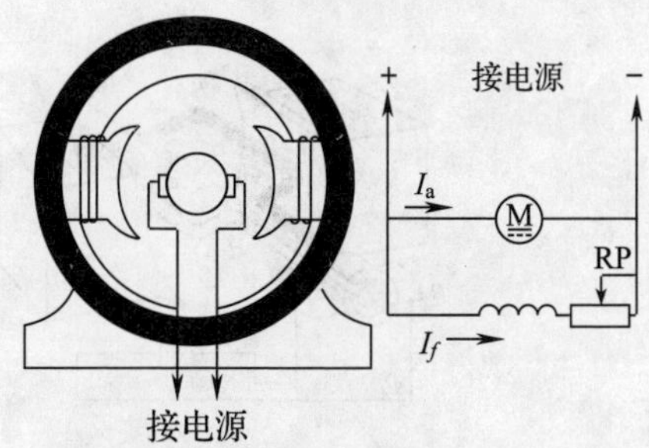

图 4—1—11　并励式直流电动机接线图

导线截面积较大，励磁绕组上的电压降很小。

4. 复励式直流电动机

复励式直流电动机的接线如图 4—1—13 所示，复励式直流电动机有两个励磁绕组，一个与电枢绕组并联，另一个与电枢绕组串联，由同一个直流电源供电。

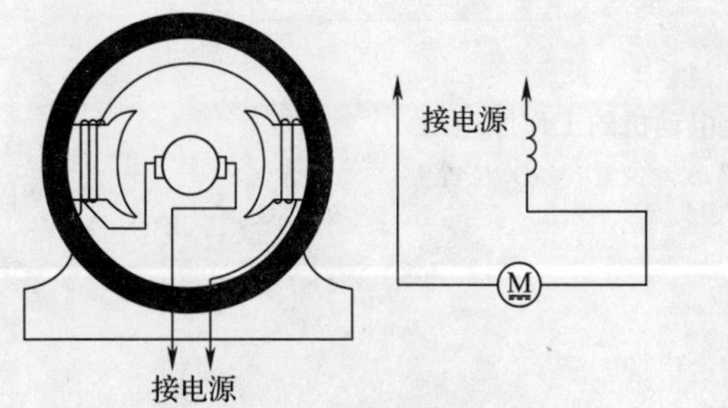

图 4—1—12　串励式直流电动机接线图

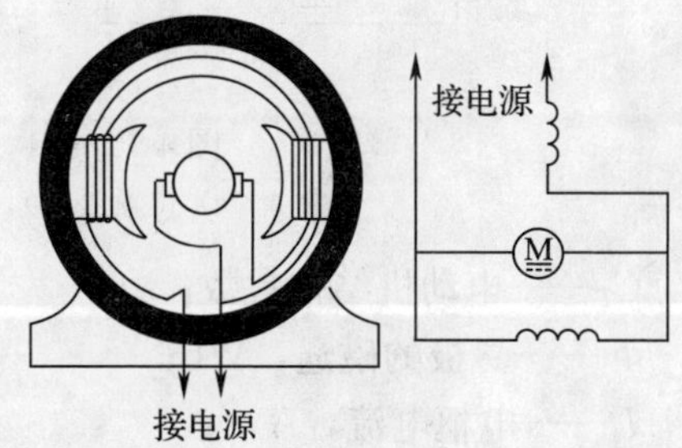

图 4—1—13　复励式直流电动机接线图

四、直流电动机的工作原理（见图 4—1—14）

（1）如图 4—1—14a 所示，电流由 A 电刷流入，B 电刷流出，线圈 *abcd* 中的电流方向如图中箭头所示，用左手定则可判断出线圈在力矩作用下顺时针方向旋转。

（2）如图 4—1—14b 所示，当线圈转到位置 2 时，电刷 A 及 B 刚好处在两个换向器之间的空隙上，线圈中没有电流流过。

（3）如图 4—1—14c 所示，线圈由于惯性继续转动到位置 3 时，虽然线圈中导体在磁极中所处的位置正好与位置 1 时相反，但由于换向器的作用，仍能保持 N 极下导体中的电流方向不变（S 极下导体中的电流方向也不变），即保证线圈所受力矩方向不变，从而使电动机按相同方向转下去。

（4）如图 4—1—14d 所示，当线圈转到位置 4 时，电刷 A 及 B 刚好处在两个换向器之间的空隙上，待线圈惯性转过该位置时，线圈中的电流再次换向。

由电枢绕组中的电流 I_a 与磁通 Φ 相互作用产生的电磁转矩是直流电动机的驱动转矩，电动机带动生产机械运动，直流电能转换为机械能输出。

电磁转矩常用下式表示

$$T = C_T \Phi I_a$$

式中　T——电磁转矩，N·m；

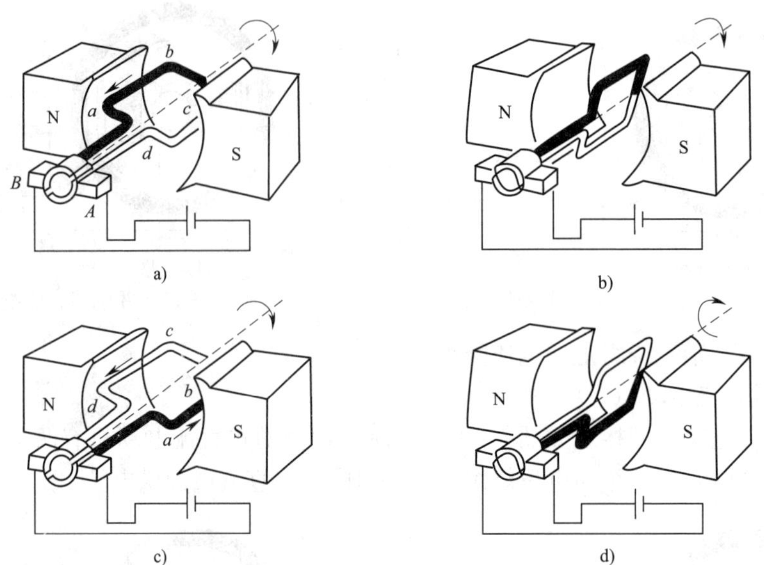

图 4—1—14　直流电动机的工作原理图

a）位置 1　b）位置 2　c）位置 3　d）位置 4

C_T——电动机结构常数；

Φ——磁极的磁通，Wb；

I_a——电枢电流，A。

上式表明，当磁通 Φ 一定时，电磁转矩 T 与电枢电流 I_a成正比。

任务实施

一、准备工作

1. 工具

轴承拉具、活动扳手、铁锤、紫铜棒、木锤等。

2. 仪表

直流电压表、直流电流表、兆欧表。

3. 设备与器材

直流电源，小功率直流电动机 1 台。

二、操作步骤与要领

直流电动机的拆卸分解如图 4—1—15 所示。

1. 直流电动机的拆卸

（1）拆去接至电动机的所有连线。

（2）拆除电动机的地脚螺栓。

（3）拆除与电动机相连接的传动装置。

（4）拆去轴承端的联轴器或带轮。

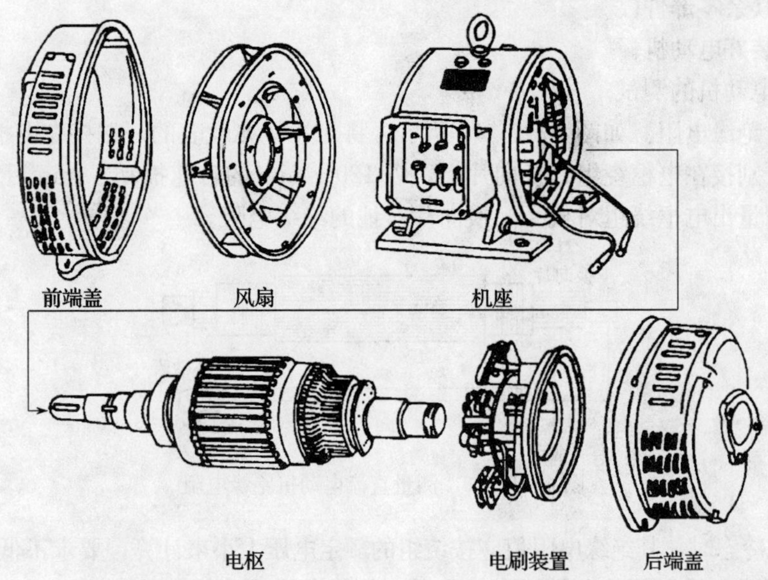

图 4—1—15　直流电动机的拆卸分解图

（5）拆去换向器端的轴承外盖。

（6）打开换向器端的视察窗，从刷盒中取出电刷，再拆下刷杆上的连接线。

（7）拆下换向器端的端盖，取出刷架。

（8）用纸或布把换向器包好。

（9）小型直流电动机，可先把后端盖固定螺栓松掉，用木锤敲击前轴端，有后端盖螺孔的用螺栓拧入螺孔，使端盖止口与机座脱开，把带有端盖的电动机电枢从定子内小心地抽出。

（10）中型直流电动机，可将后端轴承盖拆下，再卸下后端盖。

（11）将电枢小心抽出，防止损伤绕组和换向器。

（12）如发现轴承有异常现象，可将轴承卸下。

（13）电动机电枢、定子的零部件如有损坏，则继续拆卸，并重点检查和修复换向装置。

2. 直流电动机的装配

（1）清理零部件。

（2）定子装配。

（3）装轴承内盖及热套轴承。

（4）装刷架于前端盖内。

（5）将带有刷架的端盖装到定子机座上。

（6）将机座立放，机座在上，端盖在下，并将电刷从刷盒中取出来，吊挂在刷架外侧。

（7）将电枢吊入定子内，使轴承进入端盖轴承孔。

（8）装端盖及轴承外盖。

（9）将电刷放入刷盒内并压好。

（10）装出线盒及接引出线。

(11) 装其余零部件。

(12) 安装好电动机。

3. 直流电动机的测试

(1) 测量绝缘电阻。如图 4—1—16 所示，将 500 V 兆欧表的一端接在电枢轴（或机壳）上，另一端分别接在电枢绕组、换向片上，以 120 r/min 的转速摇动 1 min 后读出其指针指示的数值，测量出电枢绕组对机壳、换向片对地的绝缘电阻。

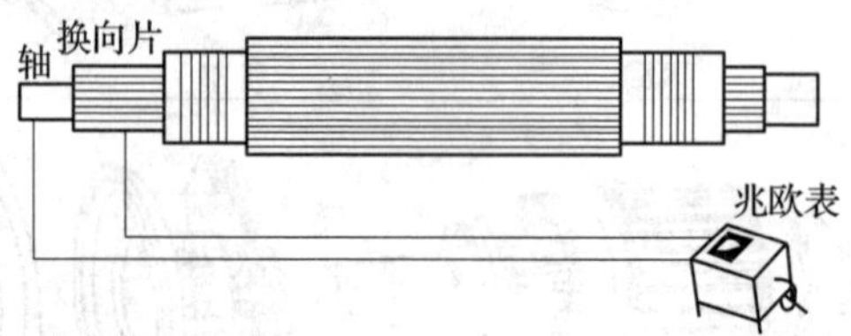

图 4—1—16　测量直流电动机绝缘电阻

电动机在冷态时，其绝缘电阻值应按绕组的额定电压大小来计算，要求不低于 1 MΩ/kV，一般额定电压 500 V 以下的电动机在热态时，绝缘电阻不应低于 0.5 MΩ。

(2) 测量绕组的直流电阻

1) 测量小电阻按图 4—1—17 所示接线，图中 R 为被测电阻器，R′为调节电阻器。由于被测电阻值小，电流表的内阻将影响测量精度，用此法接线时，电压表测量得到的电压值不包含电流表上的电压降，故测量较精确。此时被测电阻值 R 为

$$R=\frac{U}{I}$$

由于有一小部分电流被电压表分路，故电流表中读出的电流大于流过被测电阻器 R 上的电流，因此测出的电阻值比实际电阻值偏小。精确的电阻值可用下式计算

$$R=\frac{U}{I-U/R_{\mathrm{V}}}$$

式中　R_{V}——电压表的内阻，Ω。

2) 测量大电阻按图 4—1—18 所示接线。若考虑电流表内阻 R_{A}，则被测电阻值可用下式计算

$$R=\frac{U-IR_{\mathrm{A}}}{I}$$

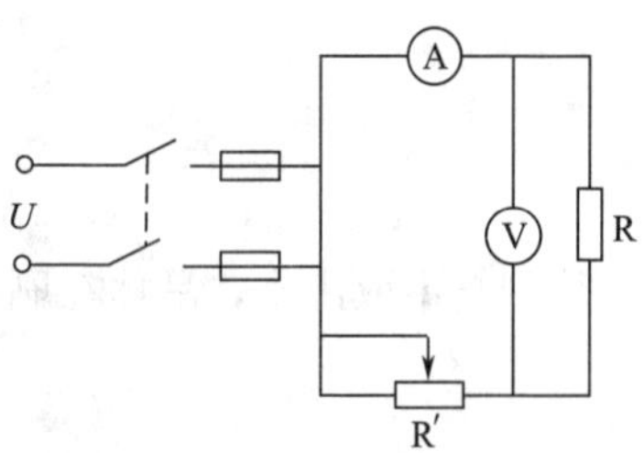

图 4—1—17　测量小电阻接线图

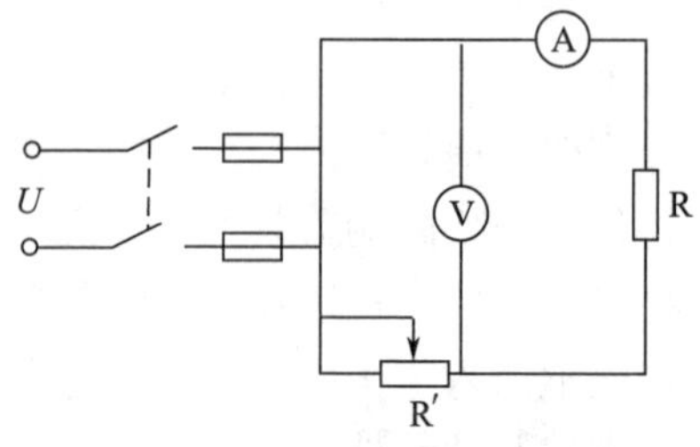

图 4—1—18　测量大电阻接线图

三、注意事项

（1）拆下刷架前，要做好标记，便于安装后调整电刷中性线位置。

（2）抽出电枢时要仔细，不要碰伤换向器及绕组。

（3）取出的电枢必须放在木架或木板上，并用布或纸包好。

（4）拧紧端盖螺栓时，必须按对角线上下左右逐步拧紧。

（5）拆卸前对原有配合位置做一些标记，以便于组装时恢复原状。

（6）测量电阻时必须注意：应采用蓄电池或直流稳压电源；绕组中流过的电流一般不应超过绕组额定电流的20%；电流表和电压表的读数应很快地同时读出。

任务评价

评分标准

序号	项目内容	评分标准		配分	得分
1	直流电动机拆卸	（1）拆卸步骤不正确，每处扣5分 （2）损伤零部件，每只扣5分 （3）损伤绕组和换向器，扣20分 （4）损伤电刷，扣10分		35	
2	直流电动机装配	（1）装配步骤不正确，每处扣5分 （2）螺栓未按对角逐个拧紧，每只扣5分 （3）电枢转动不灵活，扣10分 （4）试车时性能不符合要求，扣10分		35	
3	直流电动机测试	（1）绝缘电阻测量方法不正确，扣5分 （2）直流电阻测量方法不正确，扣5分		30	
4	安全文明生产	（1）违反安全文明生产规程，扣5～40分 （2）发生人身和设备安全事故，不及格			
5	定额时间	4 h，超时扣5分			
6	备注		合计	100	

思考与练习

一、填空题

1. 直流电动机主磁极的作用是产生________，它主要由________和________两大部分组成。

2. 直流电动机的电刷装置主要由________、________、________和________等部件组成。

3. 电枢绕组的作用是产生________和流过________而产生电磁转矩实现机电能量转换。

4. 直流电动机按主磁极绕组和电枢绕组的接法不同，可分为________、________、________、________四种。

二、判断题

1. 直流电动机的额定功率是指电动机按额定方式工作时所能输出的机械功率。（　　）

2. 定额断续的直流电动机不允许连续运行，而定额连续的直流电动机可以断续运行。（　　）

3. 直流电动机铭牌上的额定电流是指电源输入电动机的电流。（　　）

任务 2　直流电动机启动控制线路的装调

◆ **技能点**

◎ 并励式直流电动机手动启动控制线路的装调与操作

◆ **知识点**

◎ 直流电动机的启动方式

◎ 并励式直流电动机手动启动控制线路

任务提出

在实际生产中，为了提高生产率，缩短电动机启动时间，要求直流电动机应有足够大的启动转矩。由于直流电动机全压启动电流过大，因此直流电动机常采用电枢串联电阻或降低电枢电压的启动方式，如金属切削机床和造纸机等。本任务要求对如图 4—2—4 所示并励式直流电动机手动启动控制线路进行装调，在启动时要求启动电流限制在（1.5～2.5）I_N内。

任务分析

要对并励式直流电动机手动启动控制线路进行装调，首先必须掌握直流电动机的启动方式，然后准备好 220 V 直流电源、直流电动机和启动变阻器，连接好启动控制线路后，手动操作启动变阻器来控制并励式直流电动机的启动。随着直流电动机的启动，调节启动变阻器使其阻值逐渐减小，使启动电流控制在（1.5～2.5）I_N内。本任务的重点是掌握启动变阻器的接线和直流电动机手动启动的操作方法。

相关知识

一、直流电动机的启动方式

并励式直流电动机的控制线路如图 4—2—1 所示。

直流电动机通电后由静止状态达到额定转速的过程称为启动过程。电动机刚开始启动时，转速 $n=0$，故反电动势 $E_a=C_e\Phi n=0$（C_e是结构常数，Φ是磁极的磁通），由直流电动机的电压平衡方程式可知，启动开始瞬间的电枢电流为

$$I_a=\frac{U-E_a}{R_a}=\frac{U}{R_a}=I_{st}$$

此时电枢电流 $I_a=I_{st}$，称为启动电流。由于电枢电阻 R_a很小，I_{st}是额定值的 10～20 倍，同时电磁转矩也很大，会给直流电源、电动机和传动机构等带来很大的危害，因此直流电动机一般不允许全压启动。常用的限流启动方式有两种，分别是降低电枢电压和在电枢回路中串联电阻，可使启动电流不超过额定电流的 1.5～2.5 倍。

1. 降低电枢电压启动

当他励式直流电动机的电枢回路由专用可调直流电源供电时，可用降低电枢电压的方法来限制启动电流，由式 $I_{st}=\frac{U}{R_a}$可知，启动电流将与电枢电压降低的程度成正比地减小。但启动时必须加上额定的励磁电压，使磁通在一开始就达到额定值，否则电动机的启动电流虽然比较大，但是启动转矩却较小，电动机可能无法转动。他励式直流电动机降压启动线路如图 4—2—2 所示。

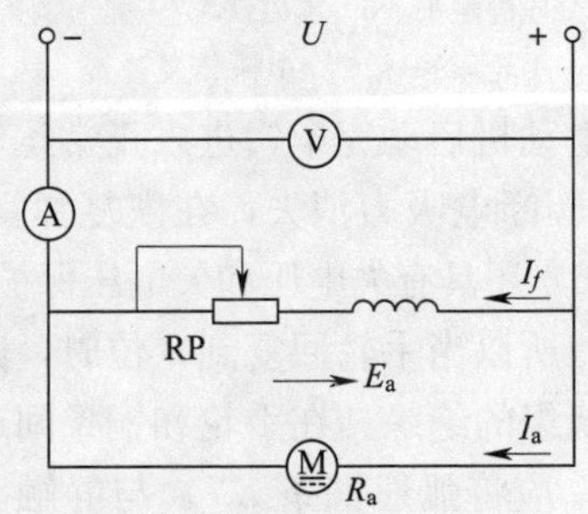

图 4—2—1 并励式直流电动机的控制线路

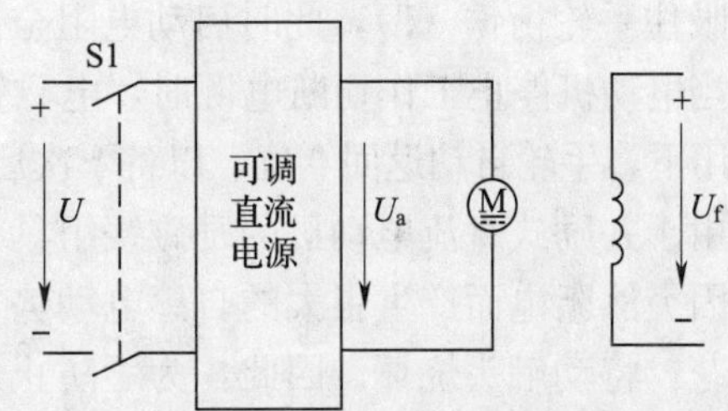

图 4—2—2 他励式直流电动机降压启动线路

降低电枢电压的启动过程中基本上不损耗额外的能量，由于电压连续可调，所以电动机启动平滑。但启动所需的电源设备较复杂、价格较贵，常用于频繁启动的场合以及大中型直流电动机的启动。

2. 电枢回路串联电阻启动

按照把启动电流限制在（1.5～2.5）I_N的范围内来选择启动电阻的大小。如图 4—2—3 所示启动变阻器 RS 用作小容量而电压不超过 220 V 的直流电动机启动，当电动机启动时，以手操作动触头接触静触头，此时所有的电阻均接入电动机电枢回路中，按顺时针方向转动逐级切除电阻，至电阻为零，电动机正常运转。

电枢回路串联电阻的启动方法所需设备较简单、价格较低，但在启动过程中能量损耗较多，常用于小容量、启动不频繁的直流电动机。

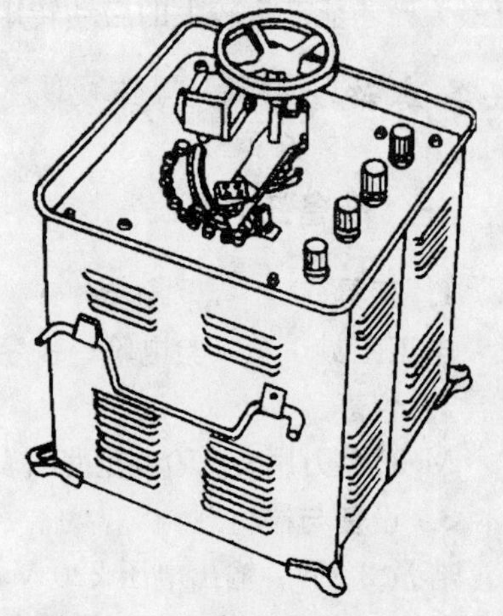

图 4—2—3 启动变阻器 RS

二、并励式直流电动机手动启动控制线路

并励式直流电动机手动启动控制线路如图 4—2—4 所示。直流电动机启动变阻器共有四个接线端子 E1、L_+、A1 和 L_-，分别与电源、电枢绕组和励磁绕组相连。手轮（8）附有衔铁（9）和恢复弹簧（10），弧形铜条（7）的一端直接与励磁电路接通，同时经过全部启动电阻与电枢绕组接通。

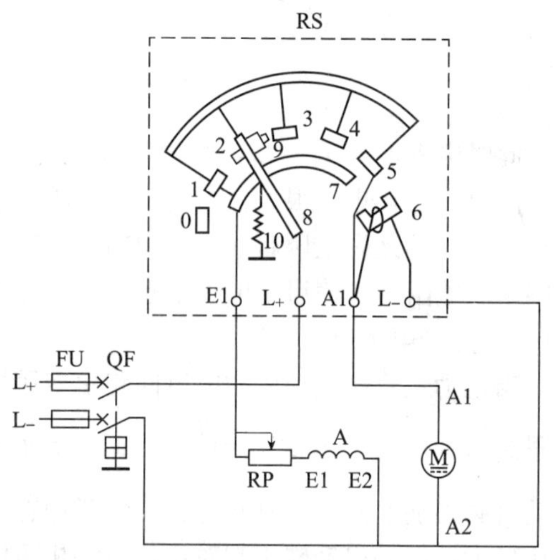

图 4—2—4　并励式直流电动机手动启动控制线路

0～5—分段静触头　6—电磁铁　7—弧形铜条

8—手轮　9—衔铁　10—恢复弹簧

在启动之前，启动变阻器的手轮置于 0 位，然后合上电源开关 QF，慢慢顺时针方向转动手轮（8），使手轮从 0 位转到静触头 1，接通励磁绕组回路，同时将变阻器 RS 的全部启动电阻接入电枢电路。电动机开始启动旋转，随着转速的升高，手轮依次转到静触头 2、3、4 等位置，使启动电阻逐级切除，当手轮转到最后一个静触头 5 时，电磁铁（6）吸住手轮衔铁（9），此时启动电阻全部切除，直流电动机启动完毕，进入正常运转。

当电动机停止工作切断电源时，电磁铁（6）由于线圈断电吸力消失，在恢复弹簧（10）的作用下，手轮自动返回 0 位，以备下次启动。电磁铁（6）还具有失电压和欠电压保护作用。

由于并励式直流电动机的励磁绕组具有很大的电感，所以当手轮回复到 0 位时，励磁绕组会因突然断电而产生很大的自感电动势，可能会击穿绕组的绝缘，在手轮和铜条间还会产生火花，将动触头烧坏。因此，为了防止发生这些现象，应将弧形铜条（7）与静触头 1 相连，在手轮回到 0 位时励磁绕组、电枢绕组和启动电阻构成闭合回路，作为励磁绕组断电时的放电回路。

启动时，为了获得较大的启动转矩，应使励磁电路中的外接电阻 RP 短接，此时励磁电流最大，才能产生较大的启动转矩。

任务实施

一、准备工作

1. 工具

电工工具 1 套（验电笔、一字和十字旋具、钢丝钳、尖嘴钳、斜口钳、剥线钳等）。

2. 仪表

MF30 型万用表、5050 型兆欧表、CZ636 转速表、MG20（或 MG21）型电磁系钳形电流表。

3. 设备与器材

容量 2 kW、输出电压 220 V 的直流电源。可用整流的方法或用交流电动机带动直流发电机的方法获得直流电源。设备与器材明细见表 4—2—1。

表 4—2—1　设备与器材明细表

序号	代号	名称	型号与规格	数量
1	M	直流电动机	Z2—32，220 V、1.5 kW	1
2	QF	直流断路器	DZ5—20/230	1
3	FU	熔断器	RC1A—60/30，熔体 30 A	2
4	RS	启动变阻器	启动电流 2/26A，启动电阻 0/10 Ω	1
5	RP	调速变阻器	BC1—300，300 W、0～200 Ω	1

二、操作步骤与要领

1. 设备与元件检查

按表 4—2—1 配齐所有设备与元件，并检查设备与元件质量。

2. 线路安装

（1）根据并励式直流电动机手动启动控制线路，首先进行线路编号，然后在控制板上合理布置和牢固安装各电气元件，并贴上醒目的文字符号。

（2）在控制板上进行布线和套号码管。

（3）安装直流电动机。

（4）连接控制板外部的导线。

3. 线路检查

安装完毕的控制线路板，必须经过认真检查，才允许通电试车，以防止错接、漏接造成不能正常工作或短路事故。

4. 通电试车

（1）合上电源开关 QF 前，让启动变阻器 RS 的手轮置于最左端的 0 位，调速变阻器 RP 的阻值调到 0。

（2）合上电源开关 QF。慢慢转动启动变阻器手轮（8），使手轮从 0 位逐步转至 5 位，逐级切除启动电阻。在每切除一级电阻后要停留数秒钟，用转速表测量电动机转速值填入表 4—2—2。用钳形电流表测量电枢电流以观察电流的变化情况。

表 4—2—2　测试数据记录

手轮位置	1	2	3	4	5
转速（r/min）					

（3）停转时，切断电源开关 QF，并检查启动变阻器 RS 是否返回 0 位。

三、注意事项

（1）通电试车前，要认真检查励磁回路的接线，必须保证连接可靠，以防止电动机运行时因励磁回路断路失磁而引起“飞车”事故。

（2）启动时，应使调速变阻器 RP 短接，使电动机在满磁情况下启动；启动变阻器 RS

要逐级切换，不可越级切换或一扳到底。

(3) 直流电源若采用单相桥式整流器供电，必须外接 15 mH 的电抗器。

(4) 通电试车时，必须有指导老师在现场监护，如遇异常情况，应立即断开电源开关 QF。

任务评价

评 分 标 准

序号	项目内容	评分标准		配分	得分
1	设备与元件检查	(1) 电动机质量检查，每漏一处扣 5 分 (2) 电气元件漏检或错检，每处扣 5 分 (3) 启动电阻器未在 0 位置，扣 5 分 (4) 调速电阻器未调在 0 Ω，扣 5 分		20	
2	线路安装	(1) 电动机安装不符合要求，每处扣 5 分 (2) 其他元件安装不紧固、不规范，每只扣 5 分 (3) 电器布置不合理，扣 5 分 (4) 损坏元件，每只扣 10～20 分		20	
3	线路检查	(1) 不按电路图接线，扣 10 分 (2) 接点不符合要求，每个扣 2 分 (3) 布线不符合要求，每根扣 4 分 (4) 损伤导线绝缘或线芯，每根扣 4 分		20	
4	通电试车	(1) 操作顺序不对，每一次扣 10 分 (2) 第一次试车不成功，扣 20 分 第二次试车不成功，扣 30 分 第三次试车不成功，扣 40 分		40	
5	安全文明生产	(1) 违反安全文明生产规程，扣 5～40 分 (2) 发生人身和设备安全事故，不及格			
6	定额时间	4 h，超时扣 5 分			
7	备注		合计	100	

思考与练习

一、填空题

1. 直流电动机启动瞬间，转速为零，________也为零，加之电枢电阻又很小，所以启动电流很大，通常可达到额定电流的________倍。

2. 直流电动机的限流启动方式有________启动和________启动两种。

二、判断题

1. 直流电动机在启动时必须加上额定的励磁电压，使磁通在一开始就有额定值，否则电动机的启动电流虽然比较大，但是电磁转矩却较小，电动机仍无法启动。 ( )

2. 电枢串联电阻的启动方法所需设备较简单，价格较低，但在启动过程中能量损耗较多。 ( )

任务 3　直流电动机调速控制线路的装调

◆ **技能点**

◎ 直流电动机励磁回路串联电阻调速控制线路的装调和操作

◆ **知识点**

◎ 电枢回路串联电阻调速

◎ 改变励磁磁通调速

◎ 改变电枢电压调速

任务提出

直流电动机的调速性能与三相异步电动机相比，其调速范围广，能够实现无级调速，且便于实现自动控制。由于在电枢回路中串接调速电阻器调速方法简单方便，因此短期工作、功率不太大且机械特性硬度要求不高的场合，如蓄电池搬运车、无轨电车、电池铲车及吊车等生产机械广泛采用电枢回路串电阻调速方法。但是电枢回路串联电阻只能实现降压调速，而在额定转速以上调速时，仍然需要通过改变主磁通调速即在励磁回路中串联电阻调速。励磁回路串联电阻调速损耗较小，运行效率较高，可以在极宽广的范围内实现平滑的无级调速，适用于驱动恒功率性质的负载，如用于机床切削工件时的调速。本任务要求对如图 4—3—1 所示并励式直流电动机励磁回路串联电阻调速控制线路进行装调。

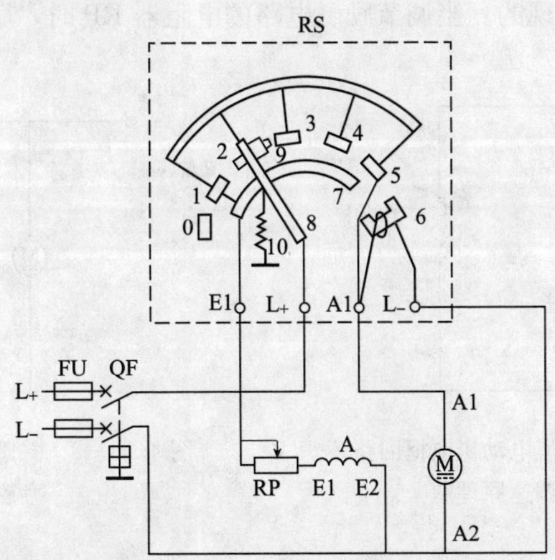

图 4—3—1　并励式直流电动机励磁回路串联电阻调速控制线路

任务分析

要对并励式直流电动机励磁回路串联电阻调速控制线路进行装调，首先必须掌握直流电动机的调速方法，然后准备好 220 V 直流电源、直流电动机和调速变阻器，连接好控制线路后，手动操作调速变阻器来控制并励式直流电动机的调速。其中调速变阻器不同于启动变阻器，调速变阻器可用于启动，但启动变阻器不可用于调速。本任务的重点是掌握调速变阻器的接线和直流电动机手动调速的操作方法。

相关知识

根据直流电动机的转速公式 $n\approx\frac{U-I_aR_a}{C_e\Phi}$ 可知，直流电动机有三种调速方法，即电枢回路串联电阻调速法、改变励磁磁通调速法和改变电枢电压调速法，下面分别予以介绍。

一、电枢回路串联电阻调速

在直流电动机电枢回路中串联电阻来实现调速，如图 4—3—2 所示。其特性如下：

(1) 设备简单，只需增加调速电阻器 RP，操作方便。

(2) 只能在低于额定转速的范围内调速。

(3) 串入电阻后机械特性变软，转速稳定性较差，电阻上的功率损耗较大。

因此，短期工作、功率不太大且机械特性硬度要求不太高的场合，如蓄电池搬运车、无轨电车、电池铲车及吊车等生产机械广泛采用这种调速方法。

二、改变励磁磁通调速

并励式直流电动机改变励磁磁通来实现调速，如图 4—3—3 所示。改变励磁磁通是通过改变励磁电流的大小来实现的。当调节励磁电路的电阻器 RP 时，励磁电流和磁通也随之改变，其特性如下：

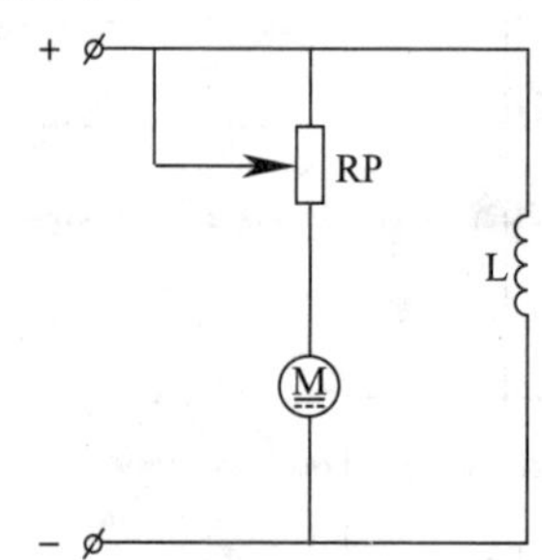

图 4—3—2　并励式直流电动机电枢回路串联电阻调速原理图

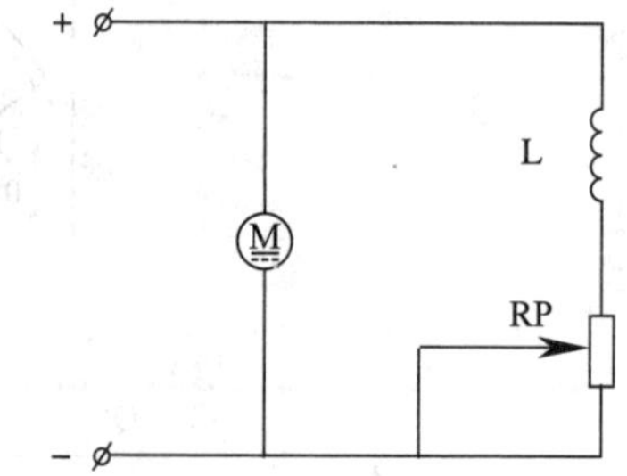

图 4—3—3　并励式直流电动机改变励磁磁通调速原理图

(1) 调速在励磁回路中进行，功率较小，故能量损失小，控制方便。

(2) 此调速只能通过减弱励磁实现调速，即只能在额定转速以上进行调节。转速不能调节的过高，其最高转速一般在 3 000 r/min 以下。

(3) 在减少励磁磁通调速时，如负载转矩不变，电枢电流必然增大，要防止电流太大带来的问题，如发热、打火等。

三、改变电枢电压调速

直流电动机改变电枢电压的调速具有调速范围广、调速平滑性好、可实现无级调速的优点。由于直流电源电压一般是不变的，所以这种调速方法必须配置专用的直流电源调压设备。其特性如下：

（1）改变电枢电压调速时，机械特性的斜率不变，所以调速的稳定性好。

（2）电压可作连续变化，调速的平滑性好，调速范围广。

（3）只能由额定电压值往下降低电压调速，即只能减速。

（4）电源设备的投资费用较大，但电能损耗小，效率高。还可用于降压启动。

任务实施

一、准备工作

1. 工具

电工工具1套（验电笔、一字和十字旋具、钢丝钳、尖嘴钳、斜口钳、剥线钳等）。

2. 仪表

MF30型万用表、5050型兆欧表、CZ636转速表、MG20（或MG21）型电磁系钳形电流表。

3. 设备与器材

容量2 kW、输出电压220 V的直流电源。可用整流的方法或用交流电动机带动直流发电机的方法获得直流电源。设备与器材明细见表4—3—1。

表4—3—1　　设备与器材明细表

序号	代号	名称	型号与规格	数量
1	M	直流电动机	Z2—32，220 V、1.5 kW	1
2	QF	直流断路器	DZ5—20/230	1
3	FU	熔断器	RC1A—60/30，熔体30 A	2
4	RS	启动变阻器	启动电流2/26 A，启动电阻0/10 Ω	1
5	RP	调速变阻器	BC1—300，300 W、0～200 Ω	1

二、操作步骤与要领

1. 设备与元件检查

按表4—3—1配齐所有电气设备与元件，并检查元件质量。

2. 线路安装

（1）根据并励式直流电动机励磁回路串电阻调速控制线路，首先进行线路编号，然后在控制板上合理布置和牢固安装各电气元件，并贴上醒目的文字符号。

（2）在控制板上进行布线和套号码管。

(3) 安装直流电动机。

(4) 连接控制板外部的导线。

3. 线路检查

安装完毕的控制线路板，必须经过认真检查，才允许通电试车，以防止错接、漏接造成不能正常工作或短路事故。

4. 通电试车

(1) 操作启动变阻器 RS，使电动机启动。

(2) 待电动机启动完成后，调节调速变阻器 RP，在逐渐增大其阻值时，测量电动机转速，其转速不能超过电动机的最高转速 2 000 r/min。测量结果填入表 4—3—2。

表 4—3—2　　测试数据记录

测量次数	1	2	3	4	5
转速 (r/min)					

(3) 停转时，切断电源开关 QF，将调速变阻器 RP 的阻值调到零，并检查启动变阻器 RS 是否返回 0 位。

三、注意事项

(1) 通电试车前要认真检查接线是否正确、牢靠，特别是励磁绕组的接线。

(2) 调速变阻器 RP 要和励磁绕组串联。启动时，应将其值调到零；调速时，使其数值逐渐变大，电动机的转速也逐渐降低。

(3) 若遇异常情况，应立即断开电源停车检查。

任务评价

评 分 标 准

序号	项目内容	评分标准	配分	得分
1	设备与元件检查	(1) 电动机质量检查，每漏一处扣 5 分 (2) 电气元件漏检或错检，每处扣 5 分 (3) 启动电阻器未在 0 位，扣 5 分 (4) 调速电阻器未调在 0 Ω，扣 5 分 (5) 未绘出调速线路图，扣 10 分	20	
2	线路安装	(1) 电动机安装不符合要求，每处扣 5 分 (2) 其他元件安装不紧固、不规范，每只扣 5 分 (3) 电器布置不合理，扣 5 分 (4) 损坏元件，每只扣 10～20 分	20	
3	线路检查	(1) 不按电路图接线，扣 10 分 (2) 接点不符合要求，每个扣 2 分 (3) 布线不符合要求，每根扣 4 分 (4) 损伤导线绝缘或线芯，每根扣 4 分	20	

续表

序号	项目内容	评分标准		配分	得分
4	通电试车	(1) 操作顺序不对，每一次扣 10 分 (2) 第一次试车不成功，扣 20 分 第二次试车不成功，扣 30 分 第三次试车不成功，扣 40 分		40	
5	安全文明生产	(1) 违反安全文明生产规程，扣 5～40 分 (2) 发生人身和设备安全事故，不及格			
6	定额时间	2 h，超时扣 5 分			
7	备注		合计	100	

思考与练习

一、填空题

1. 直流电动机的调速方法有________调速、________调速和________调速三种。

2. ________调速方法，转速只能由额定转速往下调。

3. ________调速方法，转速只能由额定转速往上调。

二、判断题

1. 改变励磁磁通调速所需设备简单、成本低，只需增加调速电阻，操作方便，因此在直流电动机中得到广泛的应用。（　　）

2. 改变电枢电压调速时，机械特性的斜率不变，所以调速的稳定性好。（　　）

任务 4　直流电动机制动控制线路的装调

◆ **技能点**

◎ 直流电动机能耗制动控制线路的装调和操作

◆ **知识点**

◎ 能耗制动

◎ 反接制动

任务提出

在直流电动机拖动系统中，为了准确定位停车，提高运行效率，常对直流电动机进行制动，其制动方式分机械制动和电气制动两种。由于电气制动具有制动力矩大，操作方便、无噪声等优点，所以应用较广泛。能耗制动就是电气制动的一种，它的特点是制动平稳、制动强弱可调整。如载人电梯和电动绞盘均采用能耗制动。本任务要求对如图 4—4—1 所示直流电动机能耗制动控制线路进行装调。

任务分析

在直流电动机能耗制动控制线路的装调中，应该掌握直流电动机的制动方法和性能特点，对于要求制动平稳、迅速的场合，多采用能耗制动。但是为了避免制动转矩和电枢电流过大给传动机构和电动机带来不利影响，通常选择电枢回路串联电阻，使最大制动电流不超过电动机额定电流的 2～2.5 倍。明确能耗制动对电气控制部分的要求，看懂电气控制原理图，并在装调前布置各个电气设备与元件的位置，然后根据实际布局绘制接线图，进行装配和调试。

在本任务中，使用双刀双掷开关操作小功率直流电动机的电气制动，其电路简单，操作方便。但对于较大功率电动机进行制动控制时，为了安全，则必须采用接触器控制电路。

相关知识

直流电动机电气制动常用的方法是能耗制动或反接制动。

一、能耗制动

能耗制动又称电阻制动，是指保持直流电动机的励磁电流不变，将正在运转的直流电动机电枢绕组的电源切断后，立即使其与制动电阻器连接成闭合回路，将机械动能转化为电能消耗在电枢绕组和制动电阻器上，同时获得制动转矩，迫使电动机迅速停转。

直流电动机能耗制动控制线路如图 4—4—1a 所示。电动机运行时，将开关合到“1”位置，电枢接入直流电源。制动时将开关合到“2”位置，电枢脱离电源而与制动电阻器 RB 相连。由于电动机的惯性，电枢将继续旋转，这时直流电动机相当于发电机，其电枢中产生的感应电流方向如图 4—4—1b 所示，由感应电流产生的电磁转矩是制动力矩。

能耗制动的特点是设备简单，制动平稳。当转速减为零时，制动力矩也为零，便于准确停车。

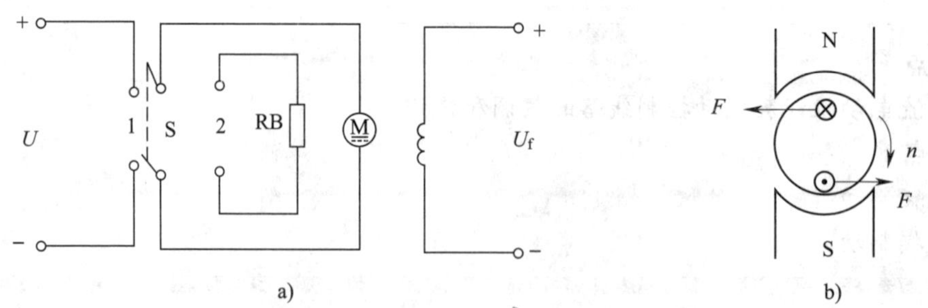

图 4—4—1　直流电动机能耗制动控制线路

a）电路图　b）物理模型图

二、反接制动

反接制动是通过改变电枢两端电压极性或改变励磁电流方向，来改变电磁转矩方向，形成制动力矩，迫使电动机迅速停转。并励式直流电动机的反接制动是通过把正在运行的电动机的电枢绕组突然反接来实现的。采用反接制动时应注意以下两点：

（1）在电枢绕组突然反接的瞬间，会在电枢绕组中产生很大的反向电流，易使换向器和电刷产生强烈火花而损伤。故必须在电枢回路中串联制动电阻器以限制电枢电流，制动电阻的大小是启动电阻的 2 倍左右。

（2）当电动机的转速接近零时，应及时断开电枢回路的电源，以防止电动机反转。

任务实施

一、准备工作

1. 工具

电工工具 1 套（验电笔、一字和十字旋具、钢丝钳、尖嘴钳、斜口钳、剥线钳等）。

2. 仪表

MF30 型万用表、CZ636 转速表。

3. 设备与器材

根据直流电动机额定值配置相应容量和输出电压的直流电源。设备与器材明细见表 4—4—1。

表 4—4—1　　**设备与器材明细表**

序号	代号	名称	型号与规格	数量
1	M	直流电动机	小功率直流电动机	1
2	QF	直流断路器	DZ5—20/220	1
3	FU	熔断器	RC1A—15/5，配熔体 5 A	2
4	RB	制动电阻器	100 Ω、1.2 A	1
5	S	双刀双掷开关	DPDT	1

二、操作步骤与要领

1. 设备与元件检查

按表 4—4—1 配齐电气设备与元件，并检查设备与元件质量。

2. 线路安装

（1）根据直流电动机能耗制动控制线路图，进行线路编号，在控制板上合理布置和牢固安装各电气元件，并贴上醒目的文字符号。

（2）安装直流电动机。

（3）连接控制板外部的导线。

3. 线路检查

安装完毕的控制线路板，必须经过认真检查，才允许通电试车，以防止错接、漏接造成不能正常工作或短路事故。

4. 通电试车

（1）启动。将双刀双掷开关 S 扳向电源处，合上电源开关 QF，启动直流电动机，待电动机转速稳定后，用转速表测其转速。

(2) 停止。断开电源开关 QF，待电动机惯性停止后，记下停止所用时间 t_1。

(3) 制动。启动直流电动机，待电动机转速稳定后，用转速表测其转速。将双刀双掷开关 S 扳向制动电阻器处，待电动机制动停止后，记下能耗制动所用时间 t_2，并与 t_1 进行比较，求出时间差 $\Delta t=t_1-t_2$。

(4) 断电。待电动机停止后，断开电源开关 QF，使励磁绕组断电。

三、注意事项

(1) 由于未使用启动变阻器和接触器控制，所以必须选择小功率直流电动机。

(2) 通电试车前要认真检查接线是否正确、牢靠，特别是励磁绕组的接线。

(3) 对电动机惯性停车时间 t_1 和制动停车时间 t_2 的比较，应在电动机的转速基本相同时开始计时。

(4) 制动电阻器 RB 的值，可按下式估算：

$$R_B=\frac{E_a}{I_N}-R_a\approx\frac{U_N}{I_N}-R_a$$

式中 U_N——电动机额定电压，V；

I_N——电动机额定电流，A；

R_a——电动机电枢回路电阻，Ω。

(5) 若遇异常情况，应立即断开电源停车检查。

任务评价

评 分 标 准

序号	项目内容	评分标准	配分	得分
1	设备与元件检查	(1) 电动机质量检查，每漏一处扣 5 分 (2) 电气元件漏检或错检，每处扣 5 分 (3) 未绘出制动控制线路图，扣 10 分	20	
2	线路安装	(1) 电动机安装不符合要求，每处扣 5 分 (2) 其他元件安装不紧固、不规范，每只扣 5 分 (3) 损坏元件，每只扣 10～20 分	20	
3	线路检查	(1) 不按电路图接线，扣 10 分 (2) 接点不符合要求，每个扣 2 分 (3) 布线不符合要求，每根扣 4 分 (4) 损伤导线绝缘或线芯，每根扣 4 分	20	
4	通电试车	(1) 操作顺序不对，每一次扣 10 分 (2) 第一次试车不成功，扣 20 分 第二次试车不成功，扣 30 分 第三次试车不成功，扣 40 分	40	

续表

序号	项目内容	评分标准		配分	得分
5	安全文明生产	(1) 违反安全文明生产规程，扣5～40分 (2) 发生人身和设备安全事故，不及格			
6	定额时间	2 h，超时扣5分			
7	备注		合计	100	

思考与练习

一、填空题

1. 直流电动机的电气制动方法有________和________两种。

2. 直流电动机在进行反接制动中，当电动机的转速等于零时，应及时准确可靠地断开电枢回路的电源，以防止________。

二、问答题

1. 直流电动机反接制动的特点是什么？

2. 直流电动机能耗制动的特点是什么？

控制电动机的使用与维护

任务1　步进电动机的使用与维护

◆ **技能点**
◎ 步进电动机驱动器的模式与参数的设置
◎ 步进电动机控制线路的安装与故障检修
◆ **知识点**
◎ 步进电动机
◎ 步进电动机驱动器
◎ 步进电动机的 PLC 控制程序

任务提出

工业常用控制电动机有步进电动机和伺服电动机两种。与交流异步电动机和直流电动机不同的是，控制电动机的主要任务是转换和传递控制信号，能量转换则是次要的。控制电动机系统由可编程序控制器（PLC）、驱动器和控制电动机构成，如图 5—1—1 所示。PLC 发出控制信号，信号电流 10 mA 左右。驱动器在控制信号作用下输出较大的电流（安培级）驱动控制电动机产生角位移，从而对机械运动装置实施控制。

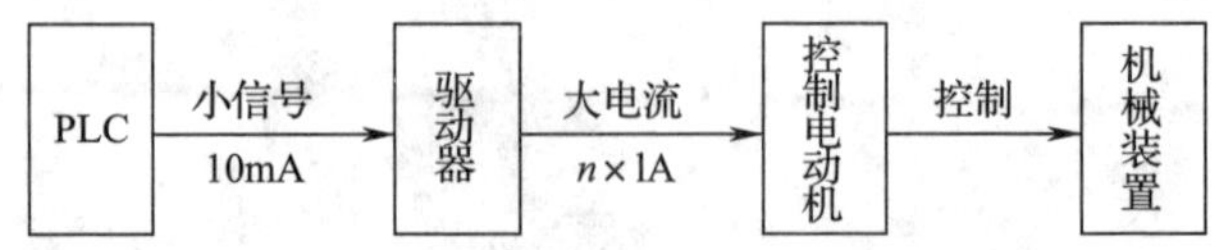

图 5—1—1　控制电动机系统框图

步进电动机控制线路如图 5—1—2 所示，本任务要求对步进电动机实现正转、反转和停止控制。PLC 型号为西门子 CPU226（由于 PLC 输出为高速脉冲信号，所以必须选用晶体管输出型 PLC，而不能选用继电器输出型），步进驱动器型号为 3MD560，三相步进电动机型号为 57BYG350CL，PLC 输入、输出端和步进驱动器均使用直流 24 V 电源。

在图 5—1—2 中，PLC 输出端 Q0.0 发出步数脉冲信号，通过 2 kΩ 限流电阻送入步进驱动器的 PUL+端，脉冲的数量与步进电动机的角位移成正比。PLC 输出端 Q0.1 发出方向控制信号，通过 2 kΩ 限流电阻送入步进驱动器的 DIR＋端，它的高低电平决定步进电动机的旋转方向。

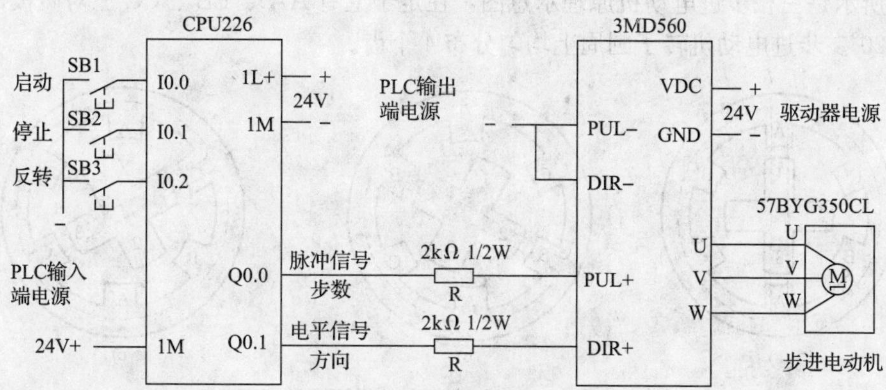

图 5—1—2　步进电动机控制线路

任务分析

要完成本任务，需要熟悉步进电动机和步进驱动器的基本结构和工作原理。首先准备一台步进电动机，按照步进电动机控制线路图对其控制线路进行安装，然后对步进电动机驱动器的参数进行设置，最后对其控制线路进行调试，如果不满足控制要求，则应该对其进行故障排除。本次任务的重点是：正确连接直流电源、PLC（涉及输入、输出极性）、驱动器和电动机，掌握步进驱动器的设置方法，初步了解 PLC 的脉冲控制程序。

相关知识

一、步进电动机

1. 结构

步进电动机由转子和定子等构成，其实物分解如图 5—1—3 所示，可以看出，转子表面有许多均匀分布的齿。

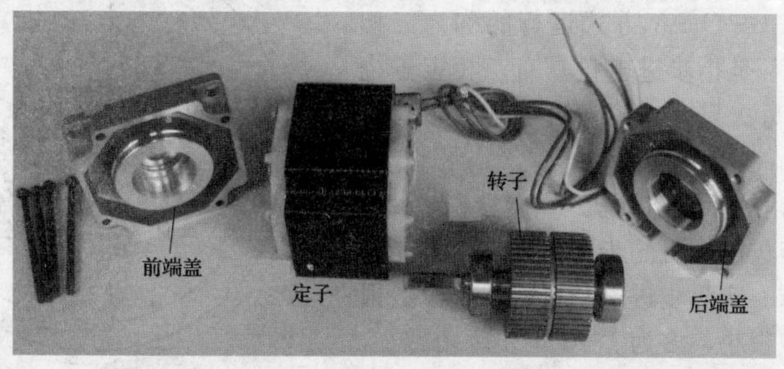

图 5—1—3　步进电动机实物分解图

2. 工作原理

步进电动机的定子相数一般为两相至六相，每相两个绕组套在一对磁极上。如图 5—1—4 所示是三相步进电动机原理示意图，在定子上有 AA′、BB′、CC′三对磁极，每对磁极间隔 120°。步进电动机转子圆周上均匀分布 4 个齿。

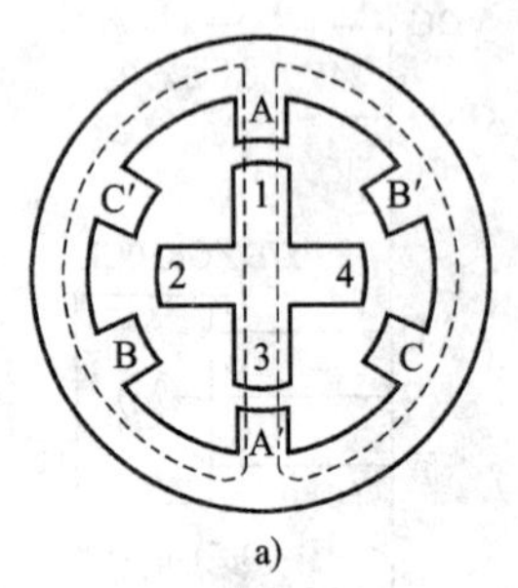

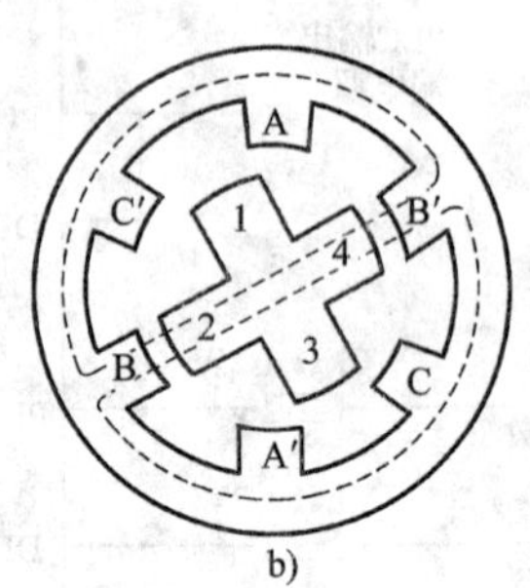

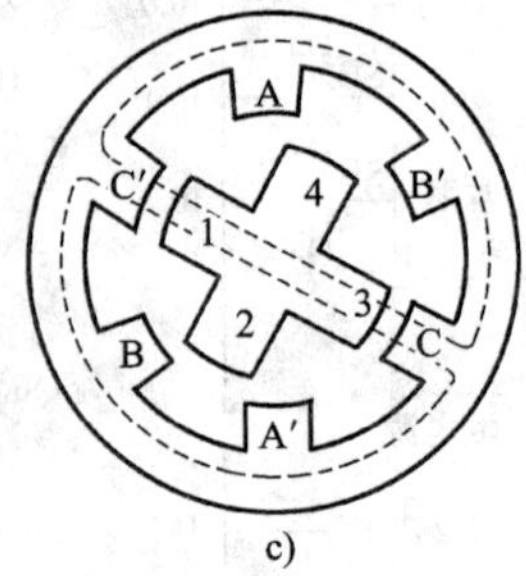

图 5—1—4　三相步进电动机原理示意图

a) A 相绕组通电　b) B 相绕组通电　c) C 相绕组通电

(1) 当 A 相绕组通电时，由于磁力线力图通过磁阻最小的路径，转子受到磁阻转矩的作用，必然转到其磁极轴线与定子磁极轴线对齐的位置，即转子 1、3 磁极与定子 A 相磁极对齐，此时磁阻转矩为零，转子停止转动，位置如图 5—1—4a 所示。

(2) 当 A 相绕组断电、B 相绕组通电时，磁阻转矩吸引转子逆时针方向转动 30°，即转子 2、4 磁极与定子 B 相磁极对齐，位置如图 5—1—4b 所示。

(3) 同样，当 B 相绕组断电、C 相绕组通电时，磁阻转矩吸引转子再逆时针方向转动 30°，使转子 1、3 磁极与定子 C 相磁极对齐，位置如图 5—1—4c 所示。

由此可知，一般电动机是连续旋转的，而步进电动机是“一个脉冲电流转动一步”的电动机，每步旋转的固定角度称为步距角。若按 A—B—C 顺序轮流给三相定子绕组通电，则转子以 30°的步距角一步一步地逆时针转动；若按 A—C—B 顺序轮流给三相定子绕组通电，则转子以 30°的步距角一步一步地顺时针转动。由此可知，步进电动机的旋转方向取决于定子绕组通电的顺序，而转子旋转的速度取决于脉冲的频率，转子转动的圈数取决于脉冲的数量。在自动控制中，利用步进电动机的这种特性，可将电脉冲信号转变为角位移量，从而控制运动机械的速度和位置。

这种按 A—B—C—A 方式运行的称为三相单三拍，“三相”是指步进电机具有三相定子绕组，“单”是指每次只有一相绕组通电，“三拍”是指三次换接为一个循环。

3. 小步距角的步进电动机

上述三相步进电动机的步距角太大，不能满足生产精度要求。实际步进电动机的转子齿数很多，步距角相应很小，多为 1～3°，步距角越小，加工精度越高。步距角为 3°的三相步进电动机的结构如图 5—1—5 所示。每个定子磁极上各有 5

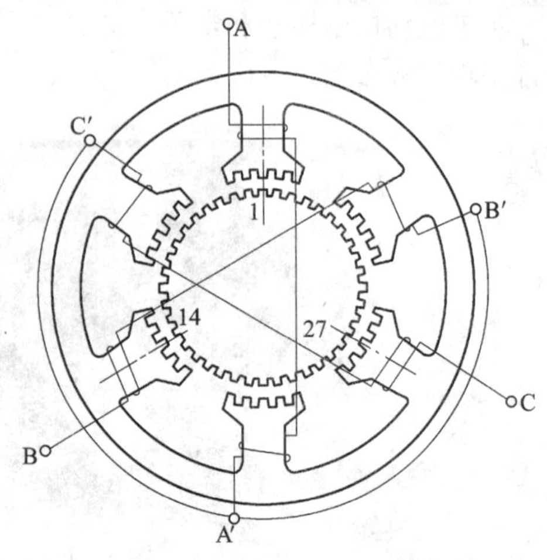

图 5—1—5　三相步进电动机磁极小齿结构

个小齿，转子圆周上均匀分布着 40 个小齿，齿距角为 9°，为使转子、定子的齿对齐，定子磁极上小齿的齿距角与转子相同。

（1）当 A 相绕组通电时，A 相定子小齿与转子对齐。此时，B 相和 A 相的空间角差 120°，包含$\frac{120°}{9°}=13\frac{1}{3}$个齿。C 相和 A 相的空间角差 240°，包含$\frac{240°}{9°}=26\frac{2}{3}$个齿。

（2）A 相绕组断电、B 相绕组通电时，转子只需转过 1/3 个齿（3°），便使 B 相定子、转子对齐。

（3）同理，C 相绕组通电再转 3°。

由此可见，三相步进电动机的转子齿数为 40 时，步距角为 3°。

4. 步进电动机的铭牌（见表 5—1—1）

表 5—1—1　　步进电动机的铭牌

型号	57BYG350CL	相电流	6 A
相数	3	相电压	24 V～70 VDC
步距角	1.2°	相电阻	0.36 Ω
保持转矩	0.9 N·m	使用环境温度	−25℃～+40℃

保持转矩是指步进电动机通电但没有转动时，定子锁住转子的力矩。通常步进电动机在低速时的力矩接近保持转矩，由于步进电动机的输出力矩随速度的增大而不断衰减，所以保持转矩就成为衡量步进电机重要参数之一。

5. 步进电动机的特点

（1）电动机转速只与脉冲频率有关，不受电压、电流的波动与温度的影响。

（2）误差不积累。每一步虽然有误差，但转过一周时，累积误差为零。

（3）控制性能好。精度高、快速性好，灵敏、准确、可靠。

二、步进电动机驱动器

1. 步进驱动器的工作参数

型号为 3MD560 的三相步进电动机驱动器，其主要工作参数为：

（1）供电电压：直流 18～50 V，典型值 36 V。

（2）输出相电流：1.5～6.0 A（可选择 16 挡输出）。

（3）控制信号输入电流：7～16 mA，典型值 10 mA。

（4）信号输入/输出方式：光耦合器隔离（见图 5—1—6）。

（5）步进脉冲响应频率：0～200 kHz。

（6）8 挡细分。

（7）静止时自动半流功能。

2. 步进驱动器的外部接线端

步进电动机驱动器 3MD560 的工作方式设置开关与外部接线端如图 5—1—7 所示，将 SW1～SW8 向左拨为状态 ON，向右拨为状态 OFF。外部接线端的功能说明见表 5—1—2。

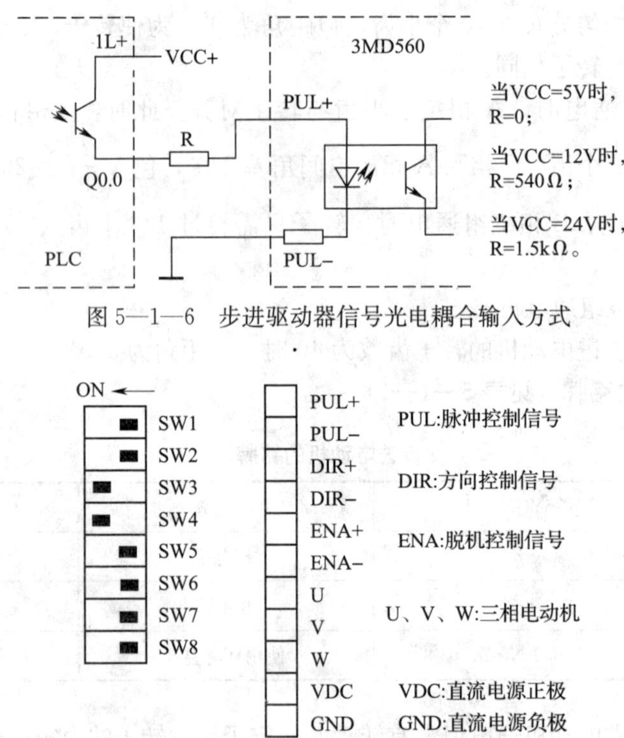

图 5—1—6　步进驱动器信号光电耦合输入方式

图 5—1—7　3MD560 的工作方式设置开关与外部接线端

表 5—1—2　　步进驱动器外部接线端功能说明

接线端	功 能 说 明
PUL＋	脉冲信号电流流入/流出端（见图 5—1—6），脉冲的数量、频率与步进电动机的角位移、转速成比例
PUL－	
DIR＋	方向电平信号电流流入/流出端，电平的高低决定电动机的旋转方向
DIR－	
ENA＋	脱机信号电流流入/流出端。当这一信号为 ON 时，驱动器断开输入到步进电动机的电源，即步进电动机断电
ENA－	
U、V、W	步进电动机三相电源输出端
VDC	驱动器直流电源输入端正极
GND	驱动器直流电源输入端负极

3. 步进驱动器的细分设置

步进驱动器除了给步进电动机提供较大的驱动电流外，更重要的作用是“细分”。只需在驱动器上设置细分步数，便可以改变步距角的大小，实现高精度控制。步进电动机驱动器 3MD560 的细分设置见表 5—1—3，SW6～SW8 的开关状态决定了细分步数。例如，要求细分步数为 5 000 步/圈，则开关 SW6～SW8 的状态设置为 ON、OFF、OFF，此时步进电动机的步距角为 360°/5 000＝0.072°。

表 5—1—3　　步进驱动器细分设置表

序号	细分（步/圈）	SW6	SW7	SW8
1	200	ON	ON	ON
2	400	OFF	ON	ON
3	500	ON	OFF	ON
4	1 000	OFF	OFF	ON
5	2 000	ON	ON	OFF
6	4 000	OFF	ON	OFF
7	5 000	ON	OFF	OFF
8	10 000	OFF	OFF	OFF

4. 步进驱动器输出电流的设置

步进驱动器 3MD560 输出相电流设置见表 5—1—4，SW1～SW4 的开关状态决定了输出相电流。例如，要求步进驱动器输出相电流为 4.9 A，则开关 SW1～SW4 的状态设置为 OFF、OFF、ON、ON。

表 5—1—4　　步进驱动器输出相电流设置表

序号	相电流（A）	SW1	SW2	SW3	SW4
1	1.5	OFF	OFF	OFF	OFF
2	1.8	ON	OFF	OFF	OFF
3	2.1	OFF	ON	OFF	OFF
4	2.3	ON	ON	OFF	OFF
5	2.6	OFF	OFF	ON	OFF
6	2.9	ON	OFF	ON	OFF
7	3.2	OFF	ON	ON	OFF
8	3.5	ON	ON	ON	OFF
9	3.8	OFF	OFF	OFF	ON
10	4.1	ON	OFF	OFF	ON
11	4.4	OFF	ON	OFF	ON
12	4.6	ON	ON	OFF	ON
13	4.9	OFF	OFF	ON	ON
14	5.2	ON	OFF	ON	ON
15	5.5	OFF	ON	ON	ON
16	6.0	ON	ON	ON	ON

5. 步进驱动器静态电流的设置

通常 SW5 设置为 OFF 状态（静态电流半流），当步进电动机通电后，即使静止时也保持自动半流的锁紧状态，可锁定运动机械的停止位置。半流可显著减少步进电动机的发热量。

6. 脱机

如果在步进电动机静止时需要改变运动机械的位置，可使脱机信号处于ON，此时步进电动机断电处于非锁紧状态。

三、步进电动机的PLC控制程序

步进电动机的PLC控制程序如图5—1—8所示。

(1) 网络1是典型的启动/停止控制，当按下启动按钮时，I0.0接通，M0.0通电自锁；当按下停止按钮时，I0.1分断，M0.0断电解除自锁。

(2) 在网络2中，当M0.0触头闭合时，周期为1 ms的定时器T32和T96构成振荡电路，T96接通1 ms、断开1 ms……反复循环，产生周期为2 ms（频率500 Hz）的方波脉冲信号。

(3) 在网络3中，当M0.0触头闭合时，频率为500 Hz的脉冲信号从Q0.0端输出。

(4) 在网络4中，当I0.2触头断开时，Q0.1端输出低电平，步进电动机正转；当I0.2触头闭合时，Q0.1端输出高电平，步进电动机反转。

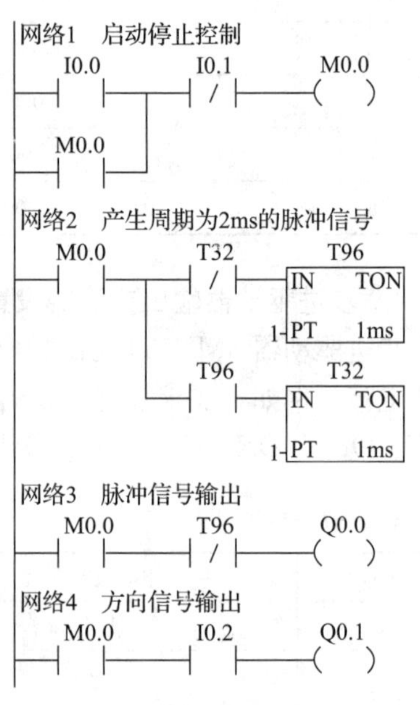

图5—1—8 步进电动机的PLC控制程序

任务实施

一、准备工作

1. 工具

电工工具1套（验电笔、一字和十字旋具、钢丝钳、尖嘴钳、斜口钳、剥线钳等）。

2. 仪表

MF30型万用表1块。

3. 设备与器材

控制板、线槽、接线排、各种规格软线和紧固件、编码套管等。设备与器材明细见表5—1—5。

表5—1—5　　设备与器材明细表

序号	代号	名称	型号与规格	数量
1	M	步进电动机	57BYG350CL	1
2	QF	断路器	DZ5—20/330	1
3		步进驱动器	3MD560	1
4		直流电源	24 V/6 A	3

续表

序号	代号	名称	型号与规格	数量
5		PLC	CPU226，DC/DC/DC	1
6	R	限流电阻	2 kΩ，1/2 W	2
7	SB1、SB2	按钮	LA10—2H，保护式	2
8	SB3	拨动开关	也可用按钮代替	1
9		连接导线	BVR—1.5 mm^2塑料软铜线	若干

二、操作步骤与要领

1. 步进电动机三相绕组直流电阻测量

用万用表测量步进电动机三相绕组的直流电阻，各相阻值应对称。由于绕组两两串联，所以测量阻值约为 1 Ω。若阻值有较大差异，可能是绕组断线或短路所致，应进一步检查。步进电动机转轴应转动灵活无杂音。

2. 线路安装

根据步进电动机控制线路图连接线路，并进行线路检查。

3. 步进驱动器细分步数设置

参照表 5—1—3 设置步进驱动器工作方式开关，使得 SW6～SW8 为 ON、OFF、OFF 状态，即细分步数为 5 000 步/圈。

因为 PLC 产生的脉冲信号频率为 500 Hz，所以转子旋转一周的时间为 10 s，即步进电动机的转速为 6 r/min。

4. 步进驱动器输出相电流设置

参照表 5—1—4 设置步进驱动器工作方式开关，使得 SW1～SW4 为 OFF、OFF、ON、ON 状态，即输出相电流为 4.9 A。

5. 步进驱动器静态输出电流设置

将 SW5 设置为 OFF 状态，即步进电动机的静态电流为半流。

6. 通电试车

(1) 接通直流 24 V 电源。

(2) PLC 处于运行状态。下载 PLC 控制程序，并将 PLC 设置为运行状态。

(3) 正转。按下启动按钮 SB1，步进电动机正转。

(4) 反转。拨动反转开关 SB3，步进电动机反转。

(5) 停止。运行中按下停止按钮 SB2，步进电动机停止。

(6) 停止操作时，断开电源。

三、故障检修

1. 步进电动机不运转

当按下启动按钮后，步进电动机不运转，故障原因可能是：

(1) 直流电源未开启。采取措施是开启直流电源。

(2) PLC 处于停止（STOP）状态。采取措施是转为运转（RUN）状态。

(3) 按钮损坏或按钮接线有误。如果按钮损坏或按钮接线有误，则 PLC 相应输入端 LED 不亮；如果按钮和接线正常，则 PLC 相应输入端 LED 亮。据此可快速判断故障位置并采取相应措施。

2. 步进电动机温度过高

如果步进电动机温度过高，会产生消磁作用，降低电磁转矩，造成转动无力，故障原因可能是：

(1) 步进驱动器输出相电流过大。采取措施是重新检查和设置 SW1～SW4 开关状态，减小输出相电流。

(2) SW5 设置为 ON 状态（静态电流全流）。采取措施是 SW5 设置为 OFF 状态（静态电流半流）。

(3) 机械负荷过大。采取措施是调整负荷或更换更大容量的步进电动机。

(4) 使用环境温度超标。采取措施是通风和降温。

3. 步进电动机静止时不能锁紧

如果步进电动机静止时不能锁紧，故障原因是脱机控制端 ENA 接入信号 ON，采取措施是脱机控制端 ENA 接入信号 OFF。

任务评价

评分标准

序号	项目内容	评分标准		配分	得分
1	准备工作	(1) 检测步进电动机绕组电阻错误，扣 10 分 (2) SW1～SW8 设置错误，扣 10 分		20	
2	线路安装	(1) 不按线路图安装，扣 10 分 (2) 元件安装不牢固，每只扣 5 分 (3) 损坏元件，每只扣 10～15 分		30	
3	故障排除	(1) 工具及仪表使用不当，每次扣 5 分 (2) 不能查出故障点，每个扣 10 分 (3) 查出故障点，但不能排除，每个扣 5 分		30	
4	通电试车	第一次试车不成功，扣 10 分 第二次试车不成功，扣 15 分 第三次试车不成功，扣 20 分		20	
5	安全文明生产	(1) 违反安全文明生产规程，扣 5～40 分 (2) 发生人身和设备安全事故，不及格			
6	定额时间	3 h，超时扣 5 分			
7	备注		合计	100	

思考与练习

1. 步进电动机的特点是什么？
2. 什么是步进电动机的三相单三拍运行方式？
3. 如何改变步进电动机的旋转方向？
4. 什么是步进驱动器的细分？细分的作用是什么？怎样设置细分步数？

任务2　伺服电动机的使用与维护

◆ 技能点

◎ 伺服电动机控制线路的装调与操作

◎ 伺服电动机控制线路的故障排除

◆ 知识点

◎ 交流伺服电动机

◎ 交流伺服驱动器的工作参数

◎ 交流伺服驱动器的控制参数

◎ 伺服电动机的 PLC 控制程序

任务提出

交流伺服系统是在 20 世纪 90 年代初期投入批量化生产的。该系统响应快、精度高，是目前体积最小、重量最轻的伺服系统产品之一。该产品已经广泛应用于数控机床、机器人、轻工机械、纺织机械、医疗器械、自动化生产线、半自动化生产线等各种需要精确调速、定位及运动轨迹控制的场合。伺服电动机控制线路如图 5—2—1 所示，本任务要求对伺服电动机实现正转、反转和停止控制。PLC 型号为西门子 CPU226（晶体管输出型），伺服驱动器型号为 R7D－BP02HH－Z，伺服电动机型号为 R88M－G2003H－Z。PLC 输入、输出端和伺服驱动器控制信号均使用直流 24 V 电源，伺服驱动器工作电源为交流 220 V。

任务分析

要对交流伺服电动机控制线路进行装调，需要熟悉交流伺服电动机和交流伺服驱动器的基本结构和工作原理。首先准备一台伺服电动机，按照伺服电动机控制线路图对其控制线路进行安装，然后对伺服电动机驱动器的参数进行设置，最后对其控制线路进行调试，如果不满足控制要求，则应该对其进行故障排除。本次任务的重点是：正确连接直流电源、PLC（涉及输入、输出极性）、驱动器和电动机，掌握交流伺服驱动器的设置方法，了解 PLC 的脉冲控制程序。

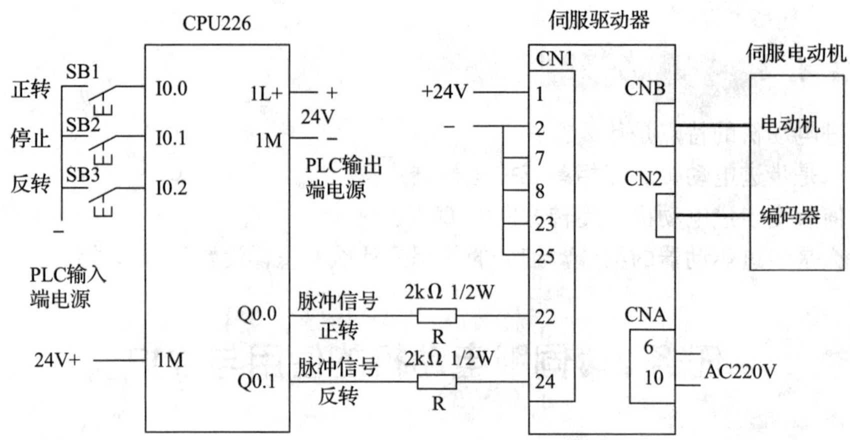

图 5—2—1　伺服电动机控制线路

步进电动机是一种开环控制电动机，而伺服电动机是通过电动机内部旋转编码器实现反馈的闭环控制电动机。虽然伺服电动机与步进电动机在控制线路、电气连接与 PLC 控制程序上相似，但在使用性能和应用场合上存在着较大的差异。伺服电动机的控制精度通常高于步进电动机，伺服电动机在低速情况下也不会产生步进电动机的抖动现象。由于伺服电动机的实际旋转角速度要反馈到伺服驱动器中，所以在使用伺服电动机时必须根据设备的机械性能（刚性、惯量、回路响应、速度响应等）设置伺服驱动器相应的控制参数，否则伺服电动机不能正常工作。同时，伺服驱动器的控制脉冲与角位移的关系参数需要通过软件进行设置。

相关知识

一、交流伺服电动机

伺服电动机可分为直流伺服和交流伺服两大类，其中交流伺服电动机使用范围较广泛。三相交流伺服电动机如图 5—2—2 所示。在电动机尾部安装了编码器，并将编码器电缆

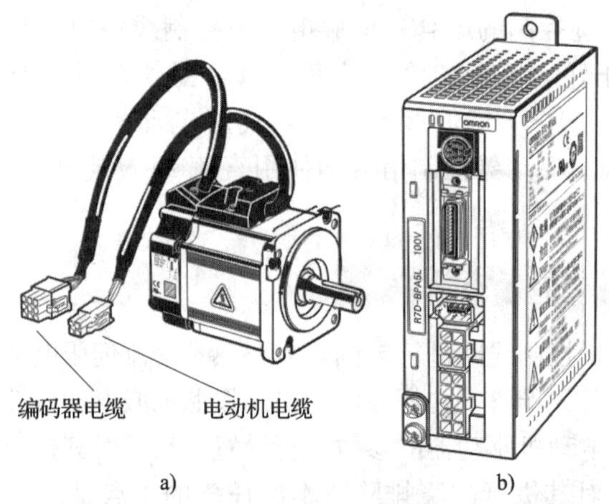

图 5—2—2　交流伺服电动机和交流伺服驱动器

a）伺服电动机　b）伺服驱动器

引入伺服驱动器中。与普通三相交流异步电动机工作原理类似，伺服驱动器输出 U、V、W 三相交流电流流入伺服电动机的三相定子绕组形成旋转磁场。伺服电动机的转子材料是永磁铁，跟随定子旋转磁场转动，而且转子速度＝磁场速度，所以称为“同步”转速。

伺服电动机的特点是：不仅要求它在静止状态下能服从控制信号的命令而转动，而且要求在电动机运行时如果发出停止指令，电动机应立即停转。因此，转子做成杯形，其转动惯量很小，可迅速启动或停止。

以欧姆龙三相伺服电动机 R88M－G20030H－Z 为例，其额定功率为 200 W，额定电压为交流 200 V～240 V，额定电流为 1.6 A，额定转速为 3 000 r/min，旋转编码器精度为 2 500 脉冲/转。

二、交流伺服驱动器工作参数

欧姆龙三相交流伺服驱动器 R7D－BP02HH－Z 如图 5—2—2 所示，工作参数见表 5—2—1。

表 5—2—1　　R7D－BP02HH－Z 伺服驱动器工作参数

项目	输入	输出
电源电压	单相 200～240 V	三相 92 V
相电流	1.6 A	1.6 A
频率	50～60 Hz	0～333.3 Hz
功率	350 V·A	200 W
编码器	2 500 脉冲/转	
脉宽调制频率 PWM	12 kHz	

交流伺服驱动器主回路的工作原理类似于变频器。三相交流伺服驱动器 R7D－BP02HH－Z 输入电源为单相交流 220 V，通过整流电路将交流电变换为直流电，然后通过逆变电路将直流电转换为三相交流电输出。输出端三相交流电的频率根据脉冲信号进行变化，在电动机转子空间形成旋转磁场，进而控制转子的速度。

交流伺服驱动器 R7D－BP02HH－Z 的输入输出端口如图 5—2—3 所示。

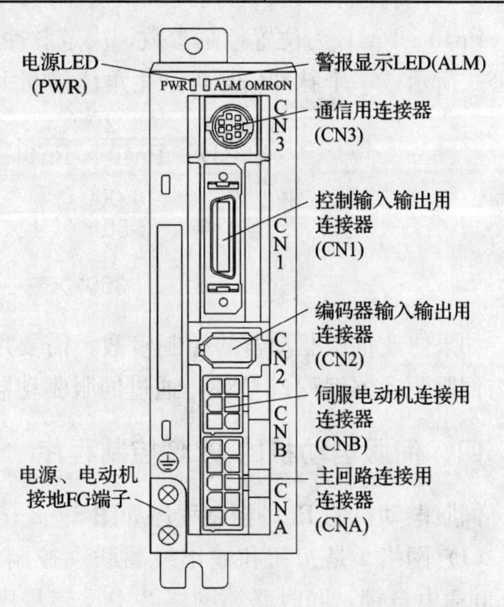

图 5—2—3　交流伺服驱动器 R7D－BP02HH－Z 输入输出端口

三、交流伺服驱动器控制参数

在本任务中均使用交流伺服驱动器默认控制参数，其相关参数见表 5—2—2。

表 5—2—2　　伺服驱动器控制参数

序号	参数代号	默认值	说　明
1	Pn02	2	控制模式选择。0：高响应位置控制；1：内部速度设定控制；2：高功能位置控制
2	Pn10	40	位置回路响应增益。范围 0～32 767，根据机械刚度设定
3	Pn11	60	速度回路响应增益。范围 1～3 500，根据惯量比设定
4	Pn40	4	指令脉冲倍频设定。1 或 2：2 倍频；3 或 4：4 倍频
5	Pn41	0	指令脉冲转动方向。0 或 3：电动机按指令脉冲的方向旋转；1 或 2：电动机按指令脉冲的相反方向旋转
6	Pn42	1	指令脉冲模式。0 或 2：90°相位差信号输入；1：反转脉冲/正转脉冲；3：进给脉冲/方向信号
7	Pn44	2 500	编码器分频比设定。超过 2 500 的设定无效
8	Pn46	10 000	第一电子齿轮比分子数值，6 脚未接地，使用第一电子齿轮
9	Pn47	10 000	第二电子齿轮比分子数值，6 脚接地，使用第二电子齿轮
10	Pn4A	0	电子齿轮比分子指数。范围 0～17，以 2 为底数
11	Pn4B	2 500	电子齿轮比分母数值

为了便于学习，在本任务中伺服电动机未接任何机械负载，所以机械性能控制参数 Pn10、Pn11 采用默认值，如果伺服电动机接有联轴器或带盘，则必须根据机械特性设置 Pn10、Pn11 控制参数，否则伺服驱动器报警停止输出。

Pn40～Pn4B 为位置控制参数，决定脉冲与角位移的关系，根据默认值的计算结果如下列公式所示，一个脉冲信号可产生角位移 0.144°，2 500 个脉冲信号旋转一周。

$$\frac{\text{Pn46}}{\text{Pn4B}}\times\frac{2^{\text{Pn4A}}}{\text{Pn40}\times\text{Pn44}}=\frac{\text{Pn46}}{\text{Pn4B}}\times\frac{2^{0}}{\text{Pn40}\times\text{Pn44}}$$

$$\frac{10\ 000}{2\ 500}\times\frac{1}{4\times 2\ 500}=\frac{1}{2\ 500}$$

$$360^{\circ}\times\frac{1}{2\ 500}=0.144^{\circ}$$

如果修改伺服驱动器的控制参数，需要用 RS－232C 编程电缆连接计算机 COM1 通信口与伺服驱动器编程口 CN3，通过伺服驱动器软件改写控制参数。

四、伺服电动机的 PLC 控制程序

伺服电动机的 PLC 控制程序如图 5—2—4 所示。

(1) 网络 1 是按钮和输出线圈联锁控制的正转程序，当按下正转按钮时，I0.0 接通，M0.0 通电自锁，同时联锁网络 2 中反转程序断电；当按下停止按钮时，I0.1 分断，M0.0 断电解除自锁。

(2) 同理，网络 2 是按钮和输出线圈联锁控制的反转程序。

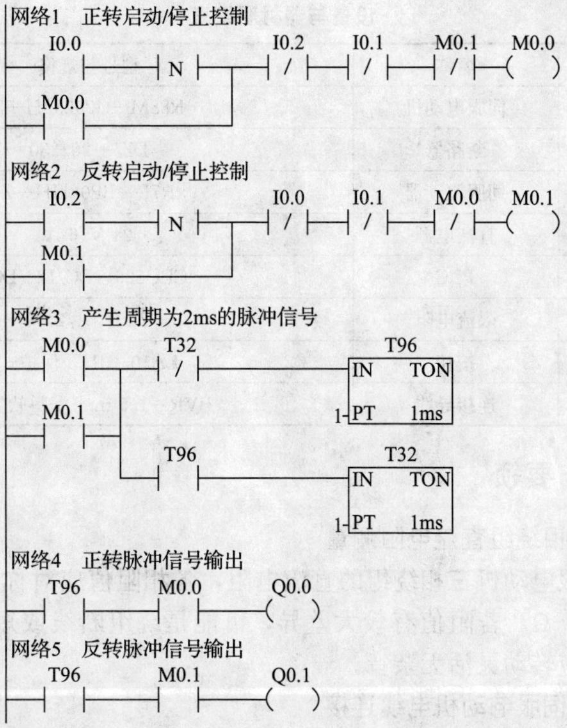

网络1　正转启动/停止控制
I0.0　N　I0.2　I0.1　M0.1　M0.0
M0.0
网络2　反转启动/停止控制
I0.2　N　I0.0　I0.1　M0.0　M0.1
M0.1
网络3　产生周期为2ms的脉冲信号
M0.0　T32　T96　IN　TON
M0.1　1-PT　1ms
T96　T32　IN　TON
1-PT　1ms
网络4　正转脉冲信号输出
T96　M0.0　Q0.0
网络5　反转脉冲信号输出
T96　M0.1　Q0.1

图 5—2—4　伺服电动机的 PLC 控制程序

（3）在网络 3 中，当 M0. 0 或 M0. 1 触头闭合时，周期为 1 ms 的定时器 T32 和 T96 构成振荡电路，T96 接通 1 ms、断开 1 ms……反复循环，产生周期为 2 ms（频率 500 Hz）的方波脉冲信号。故转子旋转一周的时间为 5 s，即伺服电动机的转速为 12 r/min。

（4）在网络 4 中，当 M0. 0 触头闭合时，频率为 500 Hz 的脉冲信号从 Q0. 0 端输出，伺服电动机正转。

（5）在网络 5 中，当 M0. 1 触头闭合时，频率为 500 Hz 的脉冲信号从 Q0. 1 端输出，伺服电动机反转。

任务实施

一、准备工作

1. 工具

电工工具 1 套（验电笔、一字和十字旋具、钢丝钳、尖嘴钳、斜口钳、剥线钳等）。

2. 仪表

MF30 型万用表 1 块。

3. 设备与器材

控制板、线槽、接线排、各种规格软线和紧固件、编码套管等。设备与器材明细见表 5—2—3。

表 5—2—3　　　　设备与器材明细表

序号	代号	名称	型号与规格	数量
1	M	伺服电动机	R88M—G20030H—Z	1
2	QF	断路器	DZ5—20/330	1
3		伺服驱动器	R7D—BP02HH—Z	1
4		直流电源	24 V/6 A	3
5		PLC	CPU226，DC/DC/DC	1
6	R	限流电阻	2 kΩ，1/2 W	2
7	SB1～SB3	按钮	LA10—3H，保护式	3
8		连接导线	BVR—1.5 mm^2塑料软铜线	若干

二、操作步骤与要领

1. 伺服电动机三相绕组直流电阻测量

用万用表测量伺服电动机三相绕组的直流电阻，各相阻值应对称。由于绕组两两串联，所以测量阻值约为 7.3 Ω。若阻值有较大差异，可能是绕组断线或短路所致，应进一步检查。伺服电动机转轴应转动灵活无杂音。

2. 伺服驱动器与伺服电动机电缆连接

3. 线路安装

根据伺服电动机控制线路图连接线路，并进行线路检查。

4. 通电试车

（1）接通直流 24 V 电源。

（2）PLC 处于运行状态。下载 PLC 控制程序，并将 PLC 设置为运行状态。

（3）正转。按下正转按钮 SB1，伺服电动机正转。

（4）反转。按下反转按钮 SB3，伺服电动机反转。

（5）停止。运行中按下停止按钮 SB2，伺服电动机停止。

（6）停止操作时，及时断开电源。

三、报警显示与故障排除

当伺服驱动器发生异常时，电源显示 LED 由绿色转为红色或橙色。同时报警显示 LED 闪烁，通过橙色及红色 LED 的闪烁次数来表示报警代码（见表 5—2—4），有利于快速排除故障。例如，当过载现象（报警代码 16）发生时，伺服驱动器停止运行，并且以橙色 1 次、红色 6 次循环闪烁，如图 5—2—5 所示。

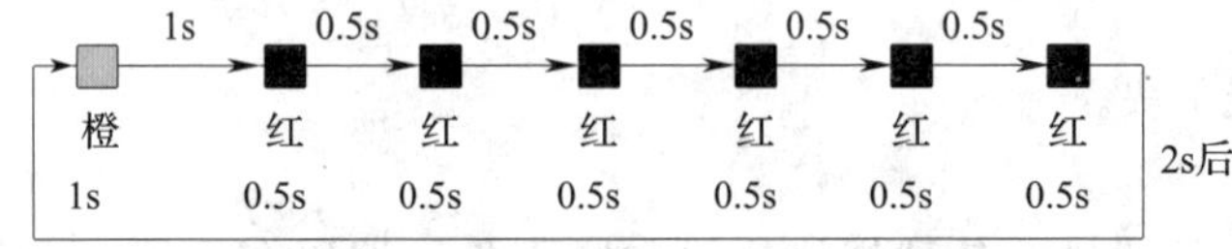

图 5—2—5　过载报警显示过程

表 5—2—4　　报警代码

序号	报警代码	异常内容	发生异常时的状况
1	11	电源电压不足	在运行指令（RUN）的输入中，主电路 DC 电压降到规定值以下
2	12	过电压	主电路 DC 电压异常的高
3	14	过电流	过电流流过 IGBT。电动机动力线接地、短路
4	15	内部电阻器过热	驱动器内部的电阻器异常发热
5	16	过载	大幅度超出额定转矩运行了几秒或者几十秒
6	18	再生过载	再生能量超出了电阻器的处理能力
7	21	编码器断线检出	编码器线断线
8	23	编码器数据异常	来自编码器的数据异常
9	24	偏差计数器溢出	计数器的剩余脉冲超出了偏差计数器的超限级别（Pn63）的设定值
10	26	超速	电动机的旋转速度超出了最大转速 使用转矩限制功能时，超速检查级别设定（Pn70、Pn73）的设定值超出了电动机旋转速度
11	27	电子齿轮设定异常	第 1、第 2 电子齿轮比分子（Pn46、Pn47）的设定值不合适
12	29	偏差计数器溢流	偏差计数器的剩余脉冲超过 134 217 728 次脉冲
13	34	超程界限异常	位置指令输入超出了由越程界限设定（Pn26）所设定的电动机可以运作的范围
14	36	参数异常	接通电源，从 EEPROM 读取数据时，参数保存区域的数据已经被破坏
15	37	参数破坏	接通电源从 EEPROM 读取数据时，和校验不符
16	38	禁止驱动输入异常	禁止正转侧驱动和禁止反转侧驱动都被关闭
17	48	编码器 Z 相异常	检测到 Z 相的脉冲流失
18	49	编码器 CS 信号异常	检测到 CS 信号的逻辑异常
19	95	电动机不一致	伺服电动机和驱动器的组合不恰当 接通电源时，编码器没有被连接
20	96	LSI 设定异常	干扰过大，造成 LSI 的设定不能正常完成
21		其他异常	驱动器启动自我诊断功能，驱动器内部发生了某种异常

例如，伺服驱动器停止运行，并且以橙色 4 次、红色 9 次循环闪烁，查表 5—2—4 可知，为“编码器 CS 信号异常”故障，断电后重新插接编码器插头，恢复通电后故障排除。

任务评价

评 分 标 准

序号	项目内容	评分标准		配分	得分
1	准备工作	(1) 检测伺服电动机绕组电阻错误，扣10分 (2) 连接伺服驱动器和电动机电缆错误，扣10分		20	
2	线路安装	(1) 不按线路图安装，扣10分 (2) 元件安装不牢固，每只扣5分 (3) 损坏元件，每只扣10～15分		30	
3	故障排除	(1) 工具及仪表使用不当，每次扣5分 (2) 不能查出故障点，每个扣10分 (3) 查出故障点，但不能排除，每个扣5分		30	
4	通电试车	第一次试车不成功，扣10分 第二次试车不成功，扣15分 第三次试车不成功，扣20分		20	
5	安全文明生产	(1) 违反安全文明生产规程，扣5～40分 (2) 发生人身和设备安全事故，不及格			
6	定额时间	3 h，超时扣5分			
7	备注		合计	100	

思考与练习

1. 闭环控制系统与开环控制系统有什么区别？步进电动机和伺服电动机分别属于什么类型的控制系统？

2. 为什么伺服电动机的转子要做成杯形？

3. 伺服电动机通过什么元件实现信号反馈？

4. 当输入输出信号 CN1 的 6 脚 OFF 状态时，使用第几个电子齿轮比分子参数？

5. 假设伺服驱动器停止运行，橙色 2 次、红色 1 次循环闪烁，可能是什么故障？如何检修？

6. 假设伺服驱动器停止运行，橙色 3 次、红色 8 次循环闪烁，可能是什么故障？如何检修？

6 模块六 典型机床电气控制线路的装调

任务1 CA6140型车床电气控制线路的装调

◆ 技能点

◎ CA6140型车床电气控制线路装调的基本操作

◆ 知识点

◎ CA6140型车床的简介

◎ CA6140型车床电气控制线路的分析

◎ CA6140型车床电气控制线路常见故障的处理

任务提出

CA6140型车床为我国自行设计制造的普通车床，具有性能优越、结构先进、操作方便和外形美观等优点，能够车削外圆、内孔、端面、螺纹和蜗杆，并可用钻头、铰刀等进行机加工。在本任务中，要求完成以下几项工作：了解CA6140型车床的主要结构与运动方式；根据CA6140型车床电气控制线路合理布置电气控制板；安装和调试CA6140型车床电气控制线路。

任务分析

要对CA6140型车床电气控制线路进行装调，首先应该掌握CA6140型车床的主要结构与运动方式，了解机械传动部分对电气控制部分的工艺要求，正确识读CA6140型车床电气控制原理图，并在装调前布置各个电气设备与元件的位置，然后根据实际布局绘制出接线图，并安装和调试CA6140型车床电气控制线路。如果不能满足控制要求，需要对安装的电气控制线路进行故障排除。

相关知识

一、CA6140型车床的简介

1. 主要结构及运动方式

CA6140型车床的实物和外形分别如图6—1—1和图6—1—2所示。CA6140型车床主要由床身、主轴箱、进给箱、溜板箱、刀架、丝杠、光杠、尾座等部分组成。

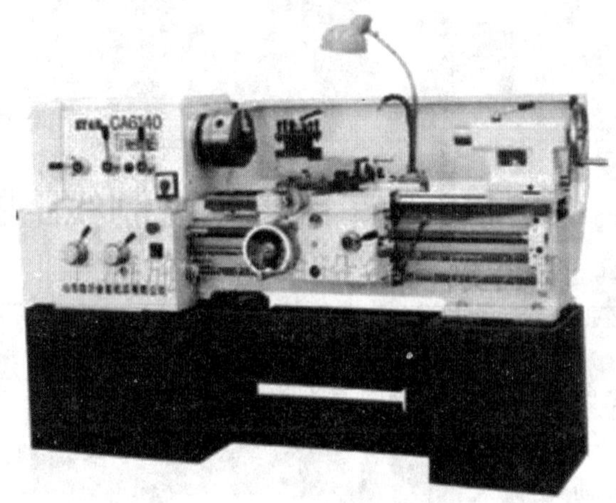

图6—1—1　CA6140型车床实物图

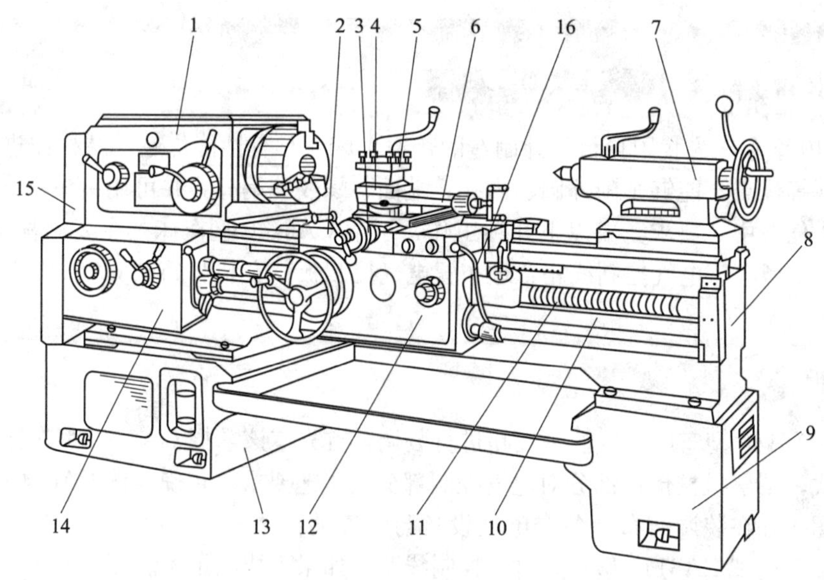

图6—1—2　CA6140型车床外形图

1—主轴箱　2—纵溜板　3—横溜板　4—转盘　5—方刀架　6—小溜板　7—尾座　8—床身
9—右床座　10—光杠　11—丝杠　12—溜板箱　13—左床座　14—进给箱　15—挂轮架　16—操纵手柄

车床的切削运动包括工件旋转的主运动和刀具的直线进给运动。车削速度是指工件与刀具接触的相对速度。根据工件的材料性质、车刀材料及几何形状、工件直径、加工方式及冷却条件的不同，要求主轴有不同的旋转速度。主轴传动与变速是由主轴电动机经 4 根 V 带传递到主轴变速箱来实现的，CA6140 型车床的主轴正转速度有 24 种（10～1 400 r/min），反转速度有 12 种（14～1 580 r/min）。

车床的进给运动是刀架带动刀具的直线运动。溜板箱把丝杠或光杠的转动传递给刀架部分，变换溜板箱外的手柄位置，经刀架部分使车刀作纵向或横向进给。

2. 生产工艺对电气控制的要求

（1）主轴电动机从经济性、可靠性考虑，选用三相交流笼型异步电动机。

（2）不进行电气调速，采用齿轮箱进行机械有级调速。

（3）主轴电动机的启动、停止采用按钮操作。刹车采用机械制动。

（4）车削加工时，有时需要切削液，因而配有冷却泵电动机，且要求在主轴电动机启动后，冷却泵方可选择是否开动，而当主轴电动机停止时，冷却泵也应停止。

（5）电气控制线路必须有过载、短路、欠电压和失电压保护。

（6）具有安全的局部照明装置。

二、CA6140 型车床电气控制线路的分析

CA6140 型车床电气控制线路如图 6—1—3 所示。

1. 主电路

主电路共有三台三相交流异步电动机。M1 为主轴电动机，带动主轴旋转和刀架作进给运动；M2 为冷却泵电动机，用以输送切削液；M3 为刀架快速移动电动机。

三相交流电源通过断路器 QF 引入。主轴电动机 M1 由接触器 KM 控制，热继电器 KH1 作过载保护。冷却泵电动机 M2 由中间继电器 KA1 控制，热继电器 KH2 作过载保护。刀架快速移动电动机 M3 由中间继电器 KA2 控制，由于是点动控制，故未设过载保护。熔断器 FU1 作为冷却泵电动机 M2、刀架快速移动电动机 M3 和控制变压器 TC 的短路保护。

2. 控制电路

控制电路的电源由控制变压器 TC 二次侧输出 110 V 电压提供，由熔断器 FU2 作短路保护。在正常工作时，行程开关 SQ1 的常开触头闭合。当打开主轴箱带罩后，SQ1 的常开触头断开，切断控制电路的电源，以确保人身安全。钥匙开关 SB 和行程开关 SQ2 在车床正常工作时是断开的，QF 的线圈不通电，断路器 QF 能合闸。当打开配电壁龛门时，SQ2 闭合，QF 线圈获电，断路器 QF 自动断开，切断车床的电源。SB1/SB2 为主轴电动机停止/启动按钮；SB3 为刀架快速移动按钮；SB4 为冷却泵控制手动开关。

（1）主轴电动机 M1 的控制

M1 启动：合上电源开关 QF。

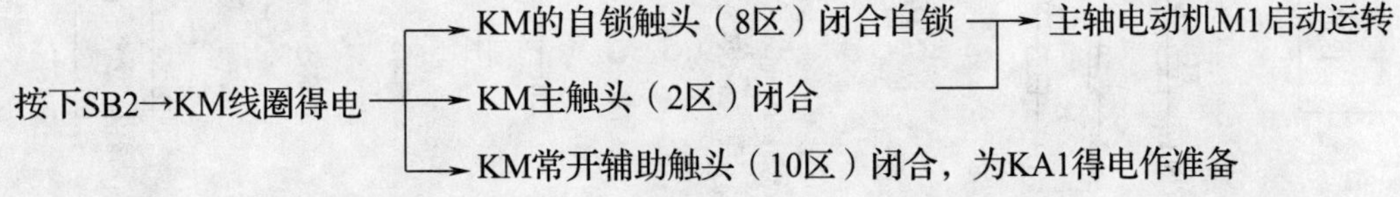

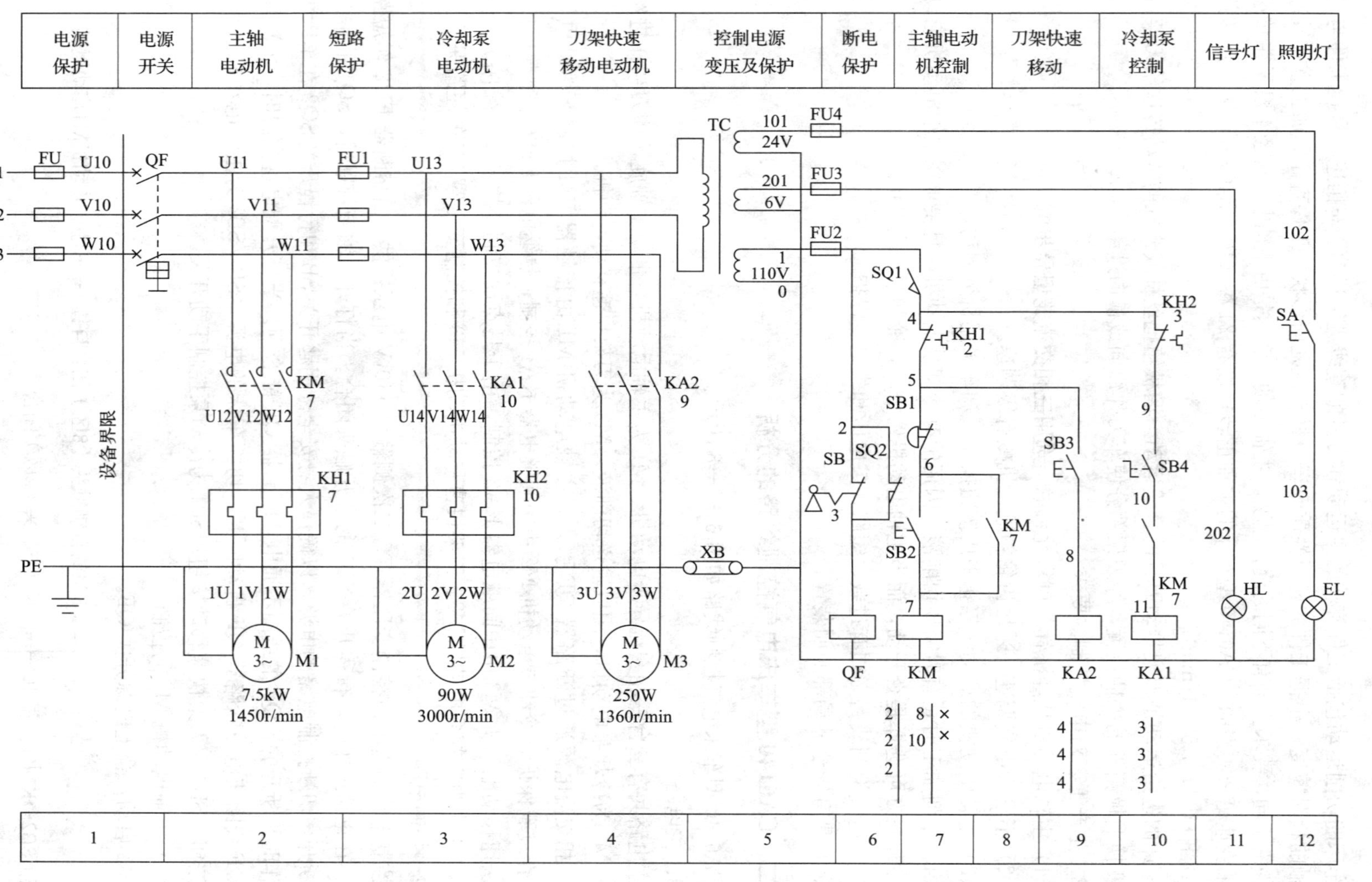

图 6—1—3　CA6140 型车床电气控制线路

M1 停止：

按下 SB1→KM 线圈失电→KM 触头复位断开→M1 失电停转

（2）冷却泵电动机 M2 的控制。由于主轴电动机 M1 和冷却泵电动机 M2 在控制电路中采用顺序控制，所以，只有当主轴电动机 M1 启动后，即 KM 常开触头（10 区）闭合，合上冷却泵控制手动开关 SB4，冷却泵电动机 M2 才能启动。当 M1 停止运行时，M2 随之停止。

（3）刀架快速移动电动机 M3 的控制。刀架快速移动电动机 M3 的启动是由安装在进给操作手柄顶端的按钮 SB3 控制，它与中间继电器 KA2 组成点动控制线路。刀架移动方向（前、后、左、右）的改变，是由进给操作手柄配合机械装置实现的。如需要快速移动，按下 SB3 即可。

3. 照明、信号电路

控制变压器 TC 的二次侧输出 24 V 和 6 V 电压，分别作为车床低压照明灯和信号灯的电源，EL 作为车床的低压照明灯，由熔断器 FU4 作短路保护，由照明灯控制手动开关 SA 控制；HL 为电源信号灯，由熔断器 FU3 作短路保护。

CA6140 型车床电气控制线路接线图如图 6—1—4 所示。

三、CA6140 型车床电气控制线路常见故障的处理

1. 主轴电动机 **M1** 不能启动

主轴电动机 M1 不能启动分很多情况，如：按下启动按钮 SB2，主轴电动机 M1 不能启动；运行中突然自行停车，并且不能立即再启动；当按下停止按钮 SB1 后，再按启动按钮 SB2，电动机 M1 不能再启动。

发生以上故障，应首先确定故障是发生在主电路还是在控制电路，依据是接触器 KM 是否吸合。若接触器 KM 能通电吸合，说明控制电路正常，故障发生在主电路。若接触器 KM 不能吸合，说明故障发生在控制电路。

若是主电路故障，应检查车间配电箱及分支电路开关的熔断器熔丝是否熔断；导线连接处是否有松脱现象；KM 主触头接触是否良好。若是控制电路故障，主要检查熔断器 FU2 是否熔断；过载保护 KH1、KH2 是否动作；接触器 KM 线圈接线端子是否松脱；按钮 SB1、SB2 触头接触是否良好等。

2. 主轴电动机 **M1** 启动后不能自锁

当按下启动按钮 SB2 时，主轴电动机能启动运转，但松开 SB2 后，M1 也随之停止。造成这种故障的原因是接触器 KM 常开辅助触头（自锁触头）的连接导线松脱或接触不良。

3. 主轴电动机 **M1** 不能停止

故障的原因是接触器 KM 的主触头发生熔焊或接触器内部掉入异物导致衔铁被卡住。

4. 刀架快速移动电动机不能启动

首先检查熔断器 FU1 的熔丝是否熔断，然后检查中间继电器 KA2 的触头接触是否良好；若无异常或按下点动按钮 SB3 时，中间继电器 KA2 不动作，则故障在控制电路中，这时应检查点动按钮 SB3 及中间继电器 KA2 的线圈是否有断路现象。

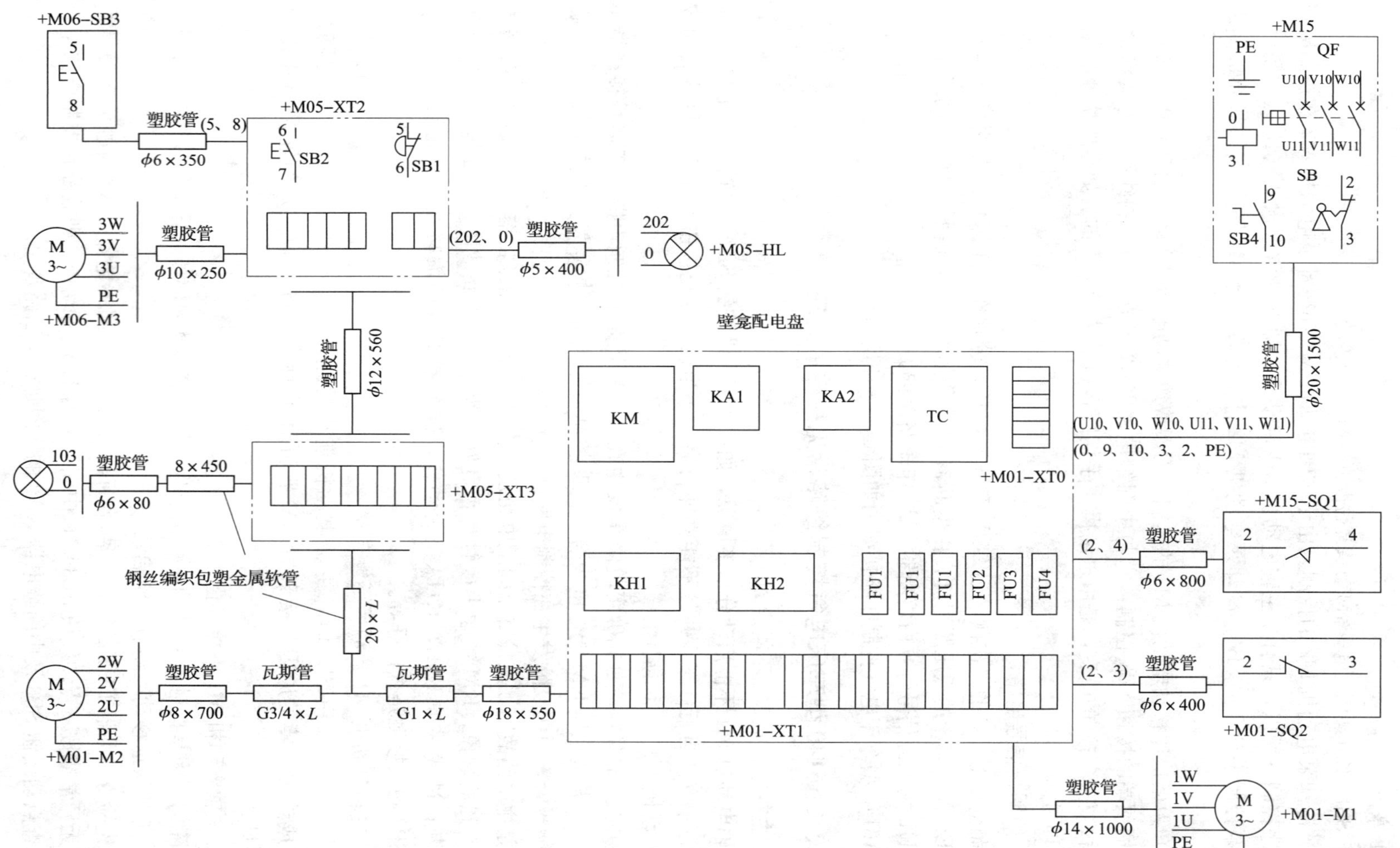

图 6—1—4　CA6140 型车床电气控制线路接线图

任务实施

一、准备工作

1. 工具

电工工具 1 套（验电笔、一字和十字旋具、钢丝钳、尖嘴钳、斜口钳、剥线钳等）。

2. 仪表

MF30 型万用表、5050 型兆欧表、T301—A 型钳形电流表。

3. 设备与器材

CA6140 型车床 1 台，CA6140 型车床电气控制线路的电气设备与元件明细见表 6—1—1。控制板、线槽、接线排、各种规格软线和紧固体、金属软管、编码套管等。

表 6—1—1　　CA6140 型车床电气控制线路的电气设备与元件明细表

序号	代号	名称	型号与规格	数量	用途
1	M1	主轴电动机	Y132M—4—B3，7.5 kW、1 450 r/min	1	主传动
2	M2	冷却泵电动机	AOB—25，90 W、3 000 r/min	1	输送切削液
3	M3	快速移动电动机	AOS5634，250 W、1 360 r/min	1	刀架快速移动
4	KM	接触器	CJ0—20B，线圈电压 110 V	1	控制 M1
5	KA1	中间继电器	JZ7—44，线圈电压 110 V	1	控制 M2
6	KA2	中间继电器	JZ7—44，线圈电压 110 V	1	控制 M3
7	KH1	热继电器	JR16—20/3D，15.4 A	1	M1 的过载保护
8	KH2	热继电器	JR16—20/3D，0.32 A	1	M2 的过载保护
9	SB1	按钮	LAY3—01ZS/1	1	停止 M1
10	SB2	按钮	LAY3—10/3.11	1	启动 M1
11	SB3	按钮	LA9	1	启动 M3
12	SB4	旋钮开关	LAY3—10X/20	1	控制 M2
13	SA	旋钮开关	LAY3—10X/20	1	控制 EL
14	SB	旋钮开关	LAY3—01Y/2	1	电源开关锁
15	QF	低压断路器	AM2—40	1	电源开关
16	SQ1、SQ2	行程开关	JWM6—11	2	断电保护
17	HL	信号灯	ZSD—0，6 V	1	电源指示
18	EL	照明灯	JC11，24 V	1	工作照明
19	TC	控制变压器	380 V/110 V/24 V/6 V	1	控制电路电源

续表

序号	代号	名称	型号与规格	数量	用途
20	FU1	熔断器	BZ001，熔体 6 A	3	M2、M3 短路保护
21	FU2	熔断器	BZ001，熔体 2 A	1	控制电路短路保护
22	FU3	熔断器	BZ001，熔体 1 A	1	信号电路短路保护
23	FU4	熔断器	BZ001，熔体 1 A	1	照明电路短路保护

二、操作步骤与要领

1. 设备与元件检查

（1）按照表 6—1—1 配齐电气设备和元件，并逐个检查其规格和质量是否合格。

（2）根据电动机容量、线路走向及要求和各元件的安装尺寸，正确选配导线的规格、接线端子板型号及节数、控制板、管道及管夹、束节、紧固体等。

2. 布置图绘制

根据 CA6140 型车床电气控制线路图和设备与元件实际位置画出布置图。

3. 线路安装

（1）在控制板上安装电气设备与元件，并在各电气设备与元件附近做好与电路图上相同代号的标记。

（2）按照控制板内布线的工艺要求进行布线和套编码管。

（3）进行控制箱外部布线，安装控制板外部的电器。对于可移动的导线通道应留适当的余量，使金属软管在运动时不承受拉力，并按规定在通道内放好备用导线。

4. 线路调试

（1）检查电路的接线是否正确和接地是否良好。

（2）检查热继电器的电流整定值是否与电动机的额定电流值相等。各级熔断器的熔体是否符合要求，如不符合要求应予以更换。

（3）检查电动机的安装是否牢固，与生产机械传动装置的连接是否可靠。

（4）检测电动机及线路的绝缘电阻。

（5）卸下主轴 V 带，在主轴电动机空载时接通电源开关，点动控制主轴电动机启动，检查主轴电动机的转向是否为逆时针方向。

（6）通电空载试车时，应认真观察各电气元件、线路和电动机的工作情况是否正常。如不正常，应立即切断电源进行检查，在调整或修复后方能再次通电试车。

（7）空载试车正常后，方可连接主轴 V 带，在轻载状态下认真观察传动装置的工作情况是否正常。如不正常，应立即切断电源进行检查，在调整或修复后方能再次通电试车。

三、注意事项

（1）不要漏接保护接零线。严禁采用金属软管作为接地通道。

（2）在控制箱外部进行布线时，导线必须穿在导线管道内或敷设在机床底座内的导线管道里。所有的导线在管道内不允许有接头。

（3）进行接线时，要做到连接一根导线时，立即套上编码管，接上后再进行复检。

（4）在进行快速进给操作时，要将运动部件置于行程的中间位置，以防止运动部件与主轴箱或尾座相撞发生设备事故。

（5）在安装、调试过程中，工具、仪表的使用应符合要求。

（6）通电操作时，必须严格遵守安全操作规程。

任务评价

评分标准

序号	项目内容	评分标准		配分	得分
1	设备与元件检查	电气设备与元件漏检或错检，每处扣1分		5	
2	器材选用	（1）导线选用不符合要求，每处扣5分 （2）穿线管选用不符合要求，每处扣2分		10	
3	线路安装	（1）控制箱内部元件安装不符合要求，每处扣2分 （2）控制箱外部电气设备与元件安装不牢固，每处扣2分 （3）损坏电气设备与元件，每只扣10分 （4）电动机安装不符合要求，每台扣5分 （5）导线通道敷设不符合要求，每处扣4分		20	
4	线路检查	（1）不按电路图接线，扣20分 （2）控制箱内导线敷设不符合要求，每根扣3分 （3）通道内导线敷设不符合要求，每根扣3分 （4）漏接接地线，扣8分		30	
5	通电试车	（1）位置开关安装不合适，扣5分 （2）整定值未整定或整定错，每只扣5分 （3）熔体规格配错，每只扣5分 （4）通电试车不成功，扣30分		35	
6	安全文明生产	（1）违反安全文明生产规程，扣5～40分 （2）发生人身和设备安全事故，不及格			
7	定额时间	6 h，超时扣5分			
8	备注		合计	100	

思考与练习

一、填空题

1. CA6140 型车床共有________台电动机，它们分别是________、________和________。

2. 热继电器 KH1、KH2 为电动机提供________；熔断器 FU 为电动机和控制变压器 TC 提供________。

3. 主轴电动机 M1 的启动与停止分别由按钮________、________控制，主轴的正反转是由________实现的。

4. 主轴电动机 M1 和冷却泵电动机 M2 在控制电路中实现了________，只有________启动运转后，________才能启动运转。

5. 刀架快速移动电动机 M3 采用的是________控制，刀架移动方向的改变是由________实现的。

二、判断题

1. CA6140 型车床主轴的正反转是由主轴电动机 M1 的正反转来实现的。（ ）

2. 电路图中接触器线圈符号下的数字表示接触器触头所处的图区号。（ ）

3. 在操作 CA6140 型车床时，按下 SB2，发现接触器 KM 得电动作，但主轴电动机 M1 不能启动，则故障原因可能是热继电器 KH1 动作后未复位。（ ）

4. CA6140 型车床的主轴电动机 M1 因过载而停转，热继电器 KH1 的常闭触头是否复位，对冷却泵电动机 M2 和刀架快速移动电动机 M3 的运转无任何影响。（ ）

三、选择题

1. CA6140 型车床调速是（ ）。

A. 电气无级调速　B. 齿轮箱进行机械有级调速　C. 电气与机械配合调速

2. CA6140 型车床主轴电动机是（ ）。

A. 三相笼型异步电动机　B. 三相绕线转子异步电动机　C. 直流电动机

任务 2　X62W 型万能铣床电气控制线路的装调

◆ **技能点**

◎ X62W 型万能铣床电气控制线路装调的基本操作

◆ **知识点**

◎ X62W 型万能铣床的简介

◎ X62W 型万能铣床电气控制线路的分析

◎ X62W 型万能铣床电气控制线路常见故障的处理

任务提出

X62W 型万能铣床是一种应用广泛的普通金属切削机床，可用来加工平面、斜面、沟槽，装上分度头可以加工直齿齿轮和螺旋面，装上圆工作台可以加工凸轮和弧形槽。在本任务中，要求完成以下几项工作：观察 X62W 型万能铣床的主要结构及运动方式，识读 X62W 型万能铣床电气控制线路；根据 X62W 型万能铣床电气控制线路合理布置电气控制板；安装和调试 X62W 型万能铣床电气控制线路。

任务分析

要对 X62W 型万能铣床电气控制线路进行装调，首先应该掌握 X62W 型万能铣床的主要结构与运动方式，了解机械传动部分对电气控制部分的工艺要求，正确识读 X62W 型万能铣床电气控制原理图，并在装调前布置各个电气设备与元件的位置，然后根据实际布局绘制出接线图，并安装和调试 X62W 型万能铣床电气控制线路。如果不能满足控制要求，需要对安装的电气控制线路进行故障排除。

相关知识

一、X62W 型万能铣床简介

1. 主要结构及运动方式

X62W 型万能铣床的实物和外形如图 6—2—1 和图 6—2—2 所示，主要由床身、主轴、刀杆、悬梁、工作台、回转盘、横溜板、升降台、底座等部分组成。

图 6—2—1　X62W 型万能铣床实物图

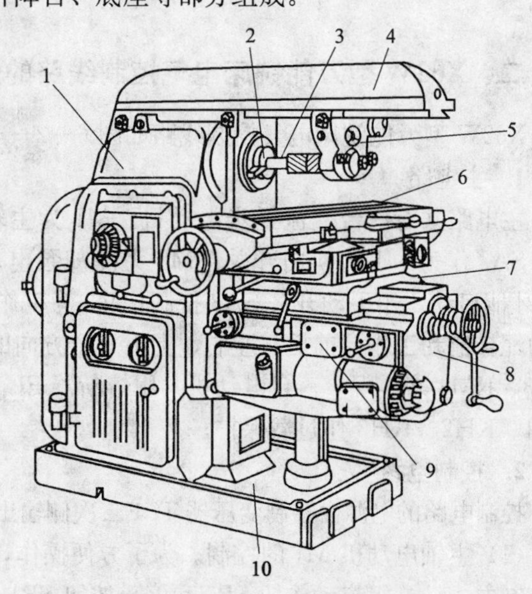

图 6—2—2　X62W 型万能铣床外形图

1—床身（立柱）　2—主轴　3—刀杆　4—悬梁　5—支架
6—工作台　7—回转盘　8—横溜板　9—升降台　10—底座

在床身的前面有垂直导轨，升降台可沿着它上下移动。在升降台上面的水平导轨上，装有可沿与主轴轴线平行方向移动（前后移动）的溜板。溜板上部有可转动的回转盘，工作台就在溜板上部回转盘的导轨上作垂直于主轴轴线方向的移动（左右移动）。工作台上有 T 形槽用来固定工件。这样，安装在工作台上的工件就可以在三个坐标上的六个方向调整位置或进给。

铣床主轴带动铣刀的旋转运动是主运动；铣床工作台的前后（横向）、左右（纵向）和上下（垂直）6个方向的运动是进给运动；铣床的其他运动，如工作台的旋转运动、在各个方向的快速移动则属于辅助运动。

2. 生产工艺对电气控制的要求

（1）铣床铣削加工时，在小进刀量时用高速铣削，反之用低速铣削。这就要求主轴能够调速，而且在各种铣削速度下保持功率不变。为此，主轴电动机采用三相交流笼型异步电动机，经齿轮变速箱驱动主轴变速。

（2）为了能进行顺铣和逆铣加工，要求主轴能够实现正反转，但旋转方向不需经常变换，只需在加工前预选主轴转动方向。

（3）铣床的主轴电动机在空载下启动，启动迅速。但在停车时，由于传动系统装有惯性轮，惯性大，停车时间长，为此应设有电气制动环节。

（4）为使主轴变速时变速箱内齿轮易于啮合，减小齿轮端面的冲击，要求主轴电动机在主轴变速时具有变速冲动过程。

（5）为了方便操作，机床设置了两套操纵系统，在机床正面及侧面都安装了相同的按钮、手轮和手柄，以实现两地控制。

（6）为了保证安全，防止事故，机床有顺序的动作采用了电气联锁。

（7）电动机都设有过载保护，控制线路设有短路保护，工作台的六个方向上都设有终端保护。

二、X62W型万能铣床电气控制线路的分析

X62W型万能铣床电气控制线路如图6—2—3所示。

1. 主电路

主电路共有三台交流异步电动机。M1为主轴电动机，拖动主轴带动铣刀进行铣削加工，SA2作为M1的换向开关；M2为冷却泵电动机，用以输送切削液，且当M1启动后M2才能启动，用手动开关SA3控制；M3为工作台进给电动机，通过操作手柄和机械离合器的配合拖动工作台前后、左右、上下6个方向的进给运动和快速移动，其正反转由接触器KM3、KM4来实现。三台电动机共用熔断器FU1作短路保护。三台电动机分别用热继电器KH1、KH2、KH3作过载保护。

2. 控制电路

控制电路的电源由控制变压器TC1二次侧输出110 V电压提供。熔断器FU3作短路保护。

（1）主轴电动机M1的控制。为了方便操作，主轴电动机M1采用一地启动、两地停止的控制方式，一组启动按钮SB5和停止按钮SB1安装在工作台上，另一只停止按钮SB2安装在床身上。铣床的加工有顺铣和逆铣两种工作方式，在开始工作前首先应确定主轴电动机M1的转向，而主轴电动机M1的转向是由主轴换向开关SA2控制的。主轴电动机M1的控制包括启动控制、制动控制、换刀控制和变速冲动控制。主轴电动机M1的控制电路如图6—2—4所示。

1）主轴电动机M1的启动控制。启动前，首先选择好主轴的转速，接着将主轴换向开关SA2扳至正转（或反转）位置，然后合上电源总开关SA1。

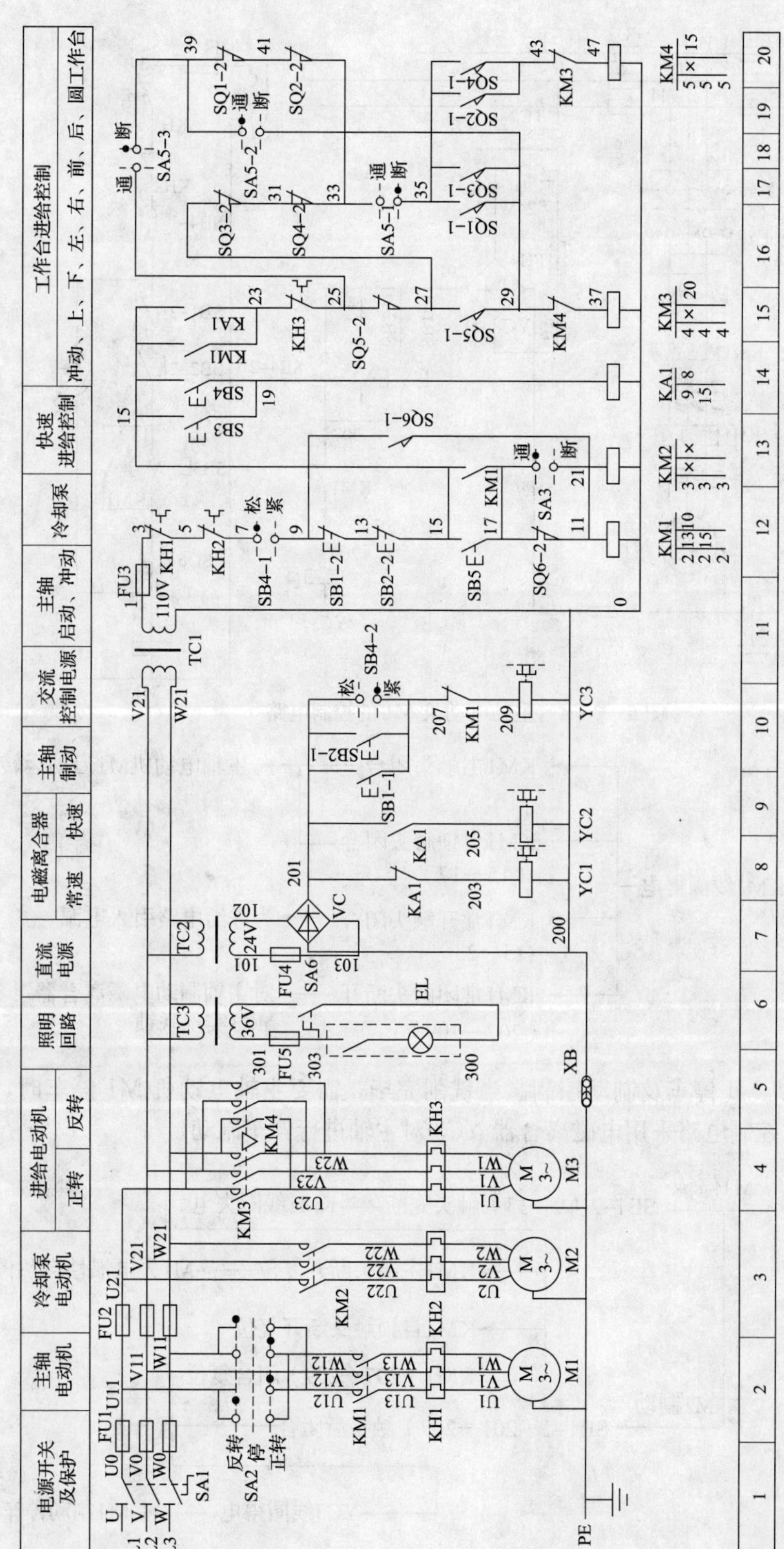

图6—2—3　X62W 型万能铣床电气控制线路

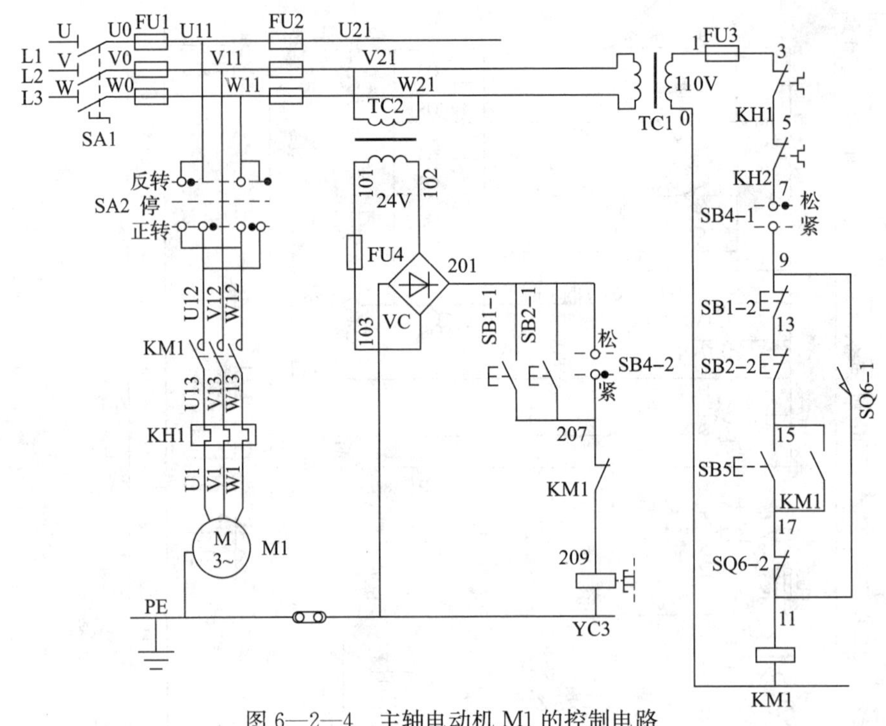

图 6—2—4　主轴电动机 M1 的控制电路

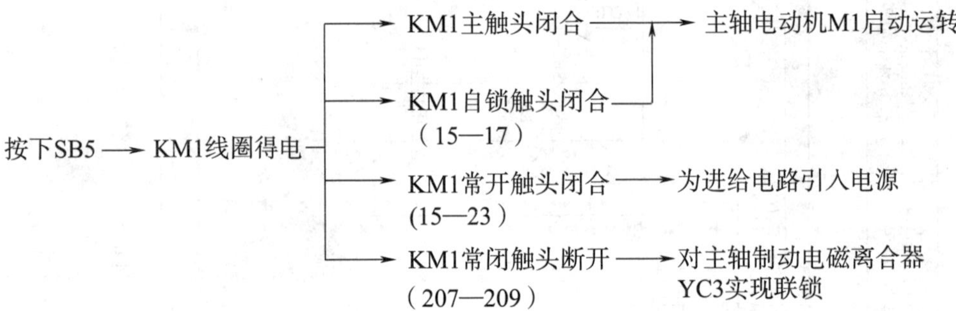

2）主轴电动机 M1 停车及制动控制。当铣削完毕，需要主轴电动机 M1 停车时，为使主轴能迅速停车，控制电路采用电磁离合器 YC3 对主轴进行停车制动。

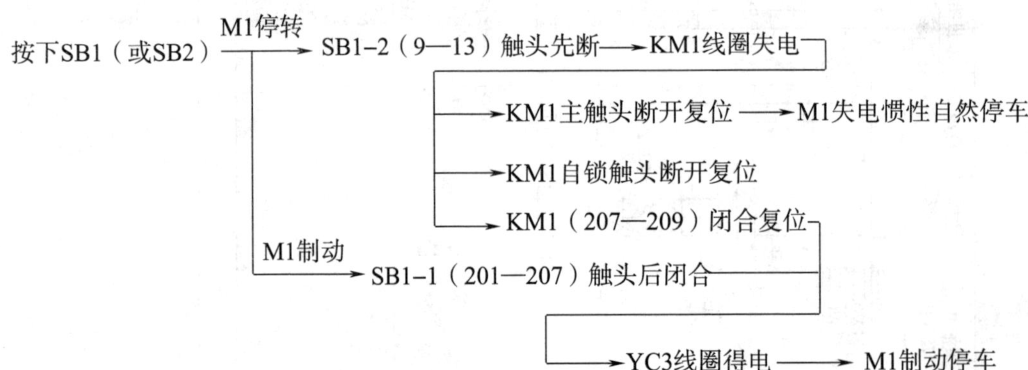

3）主轴换铣刀控制。主轴电动机 M1 停转后并不处于制动状态，主轴仍可自由转动。在主轴更换铣刀时，为避免主轴转动，造成更换困难，应将主轴制动。其方法是将主轴制动换刀开关 SA4 扳向换刀位置（即松紧开关 SA4 置于“夹紧”位置），SA4－2 常开触头（201—207）闭合，电磁离合器 YC3 获电，将主轴电动机 M1 制动；同时 SA4－1 常闭触头（7—9）断开，切断控制电路，机床无法启动运行，从而保证了人身安全。

4）主轴变速冲动控制。主轴变速时的冲动控制，是利用变速手柄与冲动行程开关 SQ6 通过机械上的联动机构进行控制的，如图 6—2—5 所示。

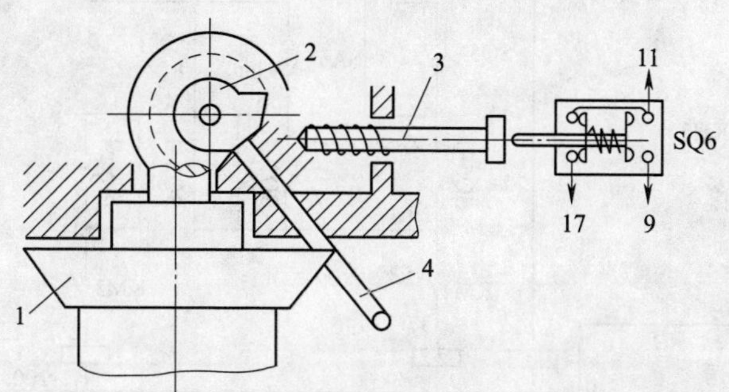

图 6—2—5　主轴变速冲动控制结构示意图

1—变速盘　2—凸轮　3—弹簧杆　4—主轴变速操作手柄

主轴变速是通过调节变速盘改变齿轮传动比实现的，为了使齿轮能够良好啮合，需要主轴作短时变速冲动。变速时，先将主轴变速操作手柄 4 下压，使手柄的榫块从定位槽中脱出，然后向外拉动手柄使榫块落入第二道槽内，使齿轮组脱离啮合。转动变速盘 1 选定所需要的转速后，把变速操作手柄 4 推回原位，使榫块重新落进槽内，齿轮组重新啮合。变速时为了使齿轮容易啮合，在主轴变速操作手柄 4 推进时，手柄上装的凸轮 2 将弹簧杆 3 推动一下又返回，这时弹簧杆 3 推动一下行程开关 SQ6，使 SQ6 的常闭触头 SQ6－2（11—17）先分断，常开触头 SQ6－1 后闭合，接触器 KM1 瞬间得电动作，主轴电动机 M1 会产生一个冲动。主轴电动机 M1 因未制动而惯性旋转，使齿轮系统发生抖动，主轴在抖动时，将变速操作手柄 4 先快后慢地推进去，齿轮便顺利地啮合。当瞬间点动过程中齿轮系统没有实现良好啮合时，可以重复上述过程直到啮合为止。变速前应先停车。

（2）工作台进给电动机 M3 的控制。X62W 型万能铣床工作台的进给运动必须在主轴电动机 M1 启动后才能进行。工作台的进给方向有左右的纵向运动、前后的横向运动和上下的垂直运动，即工作台在回转盘上的左右运动、工作台与回转盘一起在溜板上随溜板的前后运动、升降台在床身垂直导轨上的上下运动。这些进给运动是通过两个操纵手柄、快速移动按钮、电磁离合器 YC1、YC2 和机械联动机构控制相应的行程开关使进给电动机 M3 正转或反转，实现工作台的常速或快速移动，并且六个方向的运动是联锁的，不能同时接通。常速时电磁离合器 YC1 线圈得电；快速时电磁离合器 YC2 线圈得电；热继电器 KH3 作过载保护。

图 6—2—6 所示为工作台进给电动机的控制电路。图中 SQ1、SQ2 为与纵向机械操作手柄有机械联系的行程开关，SQ3、SQ4 为与垂直和横向机械操作手柄有机械联系的行程开关。当这两个机械手柄处在中间位置时，SQ1～SQ4 都处在未被压下的原始状态；当扳动操作手柄时，将压下对应行程开关。

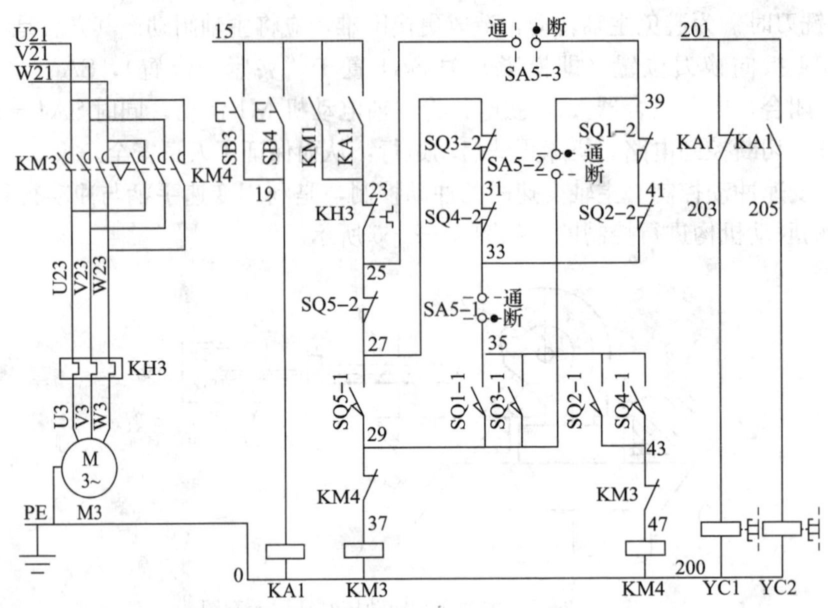

图 6—2—6　工作台进给电动机的控制电路

1）工作台左右运动的控制。工作台左右进给运动由工作台纵向操作手柄和行程开关联合控制，共有三个位置：左、中、右。图中 SA5 为圆工作台选择转换开关，设有“接通”与“断开”两个位置，三对触头。当不需要圆工作台运动时，将 SA5 置于“断开”位置；SQ5 置于正常工作状态（不受压）；主轴电动机 M1 首先启动，即接触器 KM1 得电吸合并自锁，其辅助常开触头 KM1（15—23）闭合，接通进给控制电路电源。

工作台向左进给运动的控制：

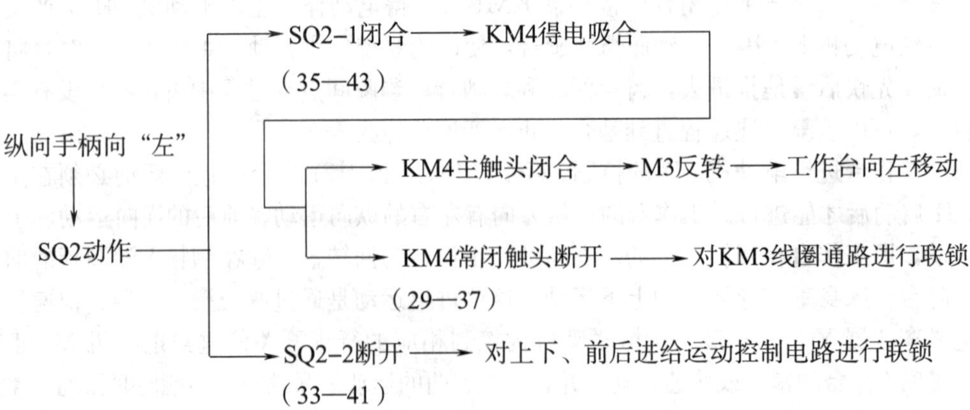

工作台向右进给运动的控制原理与向左进给相似，请自行分析。

2）工作台上下和前后运动的控制。工作台的上下和前后进给运动的选择与联锁通过十字操纵手柄和行程开关 SQ3、SQ4 联合控制。启动条件：左右（纵向）操纵手柄置于“居中”位置（SQ1、SQ2 不受压）；控制圆工作台转换开关 SA5 置于“断开”位置；SQ5 置于正常工作状态（不受压）；主轴电动机 M1 首先启动（即接触器 KM1 得电吸合）。

工作台向上和向后进给运动的控制：

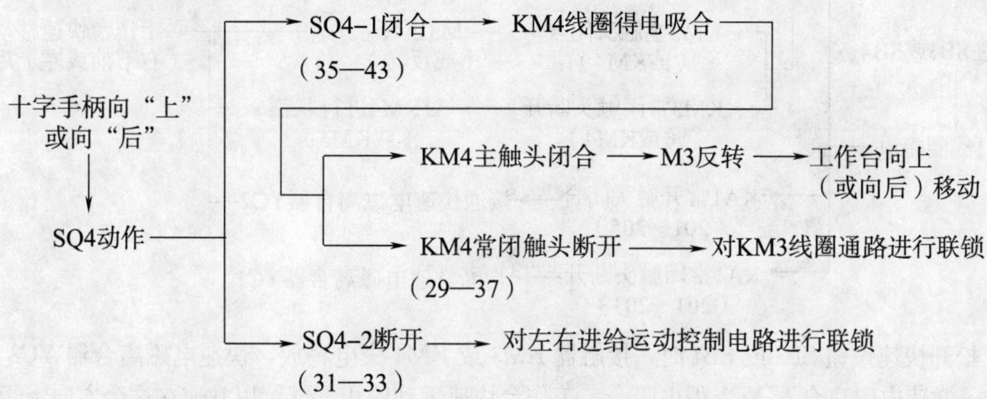

工作台向下和向前进给运动的控制与工作台向上和向后进给运动的控制相似，请自行分析。

工作台左右进给操纵手柄与上下、前后进给操纵手柄实行了联锁控制。在两个手柄中，只能进行其中一个进给方向上的操作，当一个操纵手柄被置定在某一进给方向后，另一个操纵手柄必须置于“中间”位置，否则将无法进行进给运动。

3）工作台进给变速时的瞬间点动（即进给变速冲动）控制。工作台进给变速时的瞬间点动控制与主轴变速冲动控制一样，是为了便于变速时齿轮的啮合，进给变速冲动控制由蘑菇形进给变速手柄配合行程开关 SQ5 来实现。但进给变速时不允许工作台作任何方向的运动。主轴电动机 M1 先已启动，即接触器 KM1 得电吸合并自锁，其辅助常开触头 KM1（15—23）闭合，接通进给控制电路电源。

变速时，先将蘑菇形变速手柄拉出，使齿轮脱离啮合，转动变速盘至所需要的进给速度挡，然后用力将蘑菇形变速手柄向外拉到极限位置，再将蘑菇形变速手柄复位，在将蘑菇形变速手柄复位过程中，压动了行程开关 SQ5。

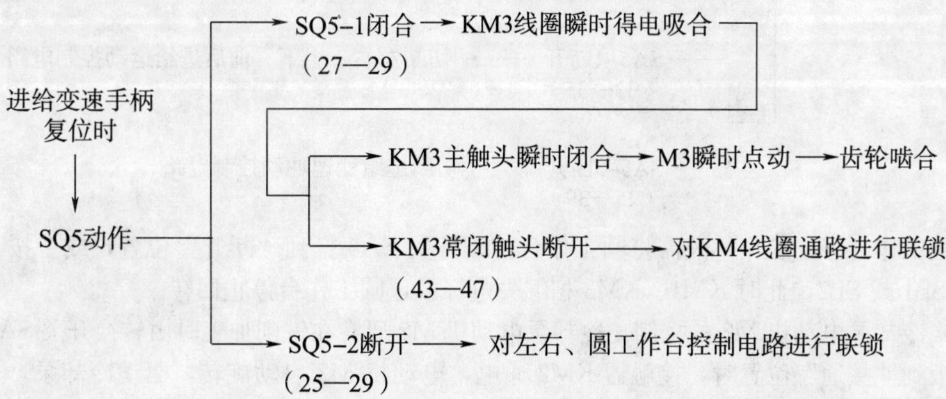

4）工作台的快速运动。工作台的快速运动是由各个方向的操作手柄与快速移动按钮 SB3 或 SB4 配合控制的。如果需要工作台在某个方向快速运动时，应将工作台操作手柄扳到相应的方向位置，然后按下 SB3 或 SB4。

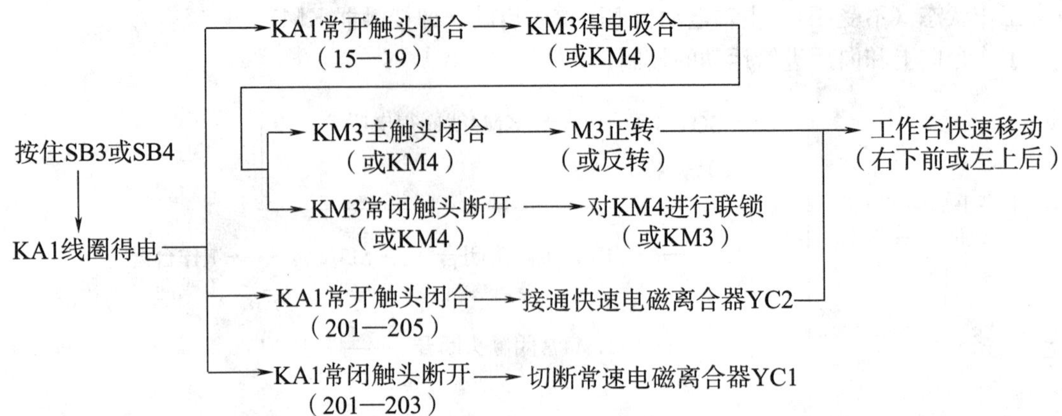

松开快速按钮 SB3 或 SB4 时，接触器 KM3 或 KM4 失电释放，快速电磁离合器 YC2 失电释放，常速电磁离合器 YC1 得电吸合，工作台快速运动停止，继续以常速在这个方向上运动。

5）圆工作台进给运动的控制。为了扩大铣床的加工范围，可在铣床工作台上安装圆形工作台附件，进行对圆弧或凸轮的铣削加工。转换开关 SA5 就是用来控制圆形工作台的。启动条件：首先将左右（纵向）和十字（横向、垂直）操作手柄都置于“中间”位置（行程开关 SQ1～SQ4 均未受压，处于初始状态）；SQ5 处于初始状态（未受压）；主轴电动机 M1 已启动，即接触器 KM1 得电吸合并自锁，其辅助常开触头 KM1（15—23）闭合；然后将圆工作台转换开关置于“接通”位置；接通圆工作台进给控制电路电源。

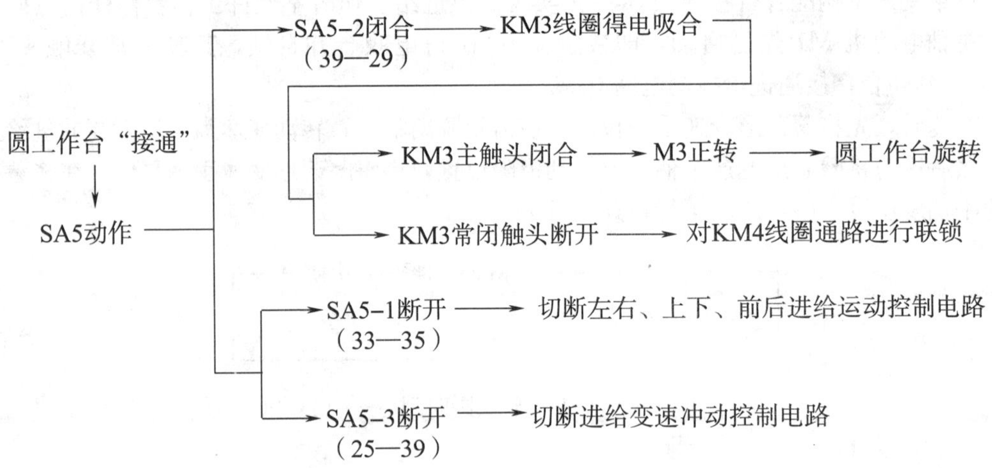

若圆工作台停止工作，只需将圆工作台控制开关 SA5 打到“断开”位置，或者按下停止按钮 SB1 或 SB2，此时 KM1、KM3 相继失电释放，圆工作台停止回转。

（3）冷却泵电动机 M2 的控制。冷却泵电动机 M2 通常在铣削加工时由转换开关 SA3 操作，当扳到“接通”位置时，接触器 KM2 通电，电动机 M2 启动旋转，驱动冷却泵，送出切削液，供铣削加工冷却用。

（4）照明电路的控制。机床局部照明由照明变压器 TC3 输出 36 V 安全电压，由开关 SA6 控制照明灯 EL。

X62W 型万能铣床电气控制线路接线图如图 6—2—7 所示。

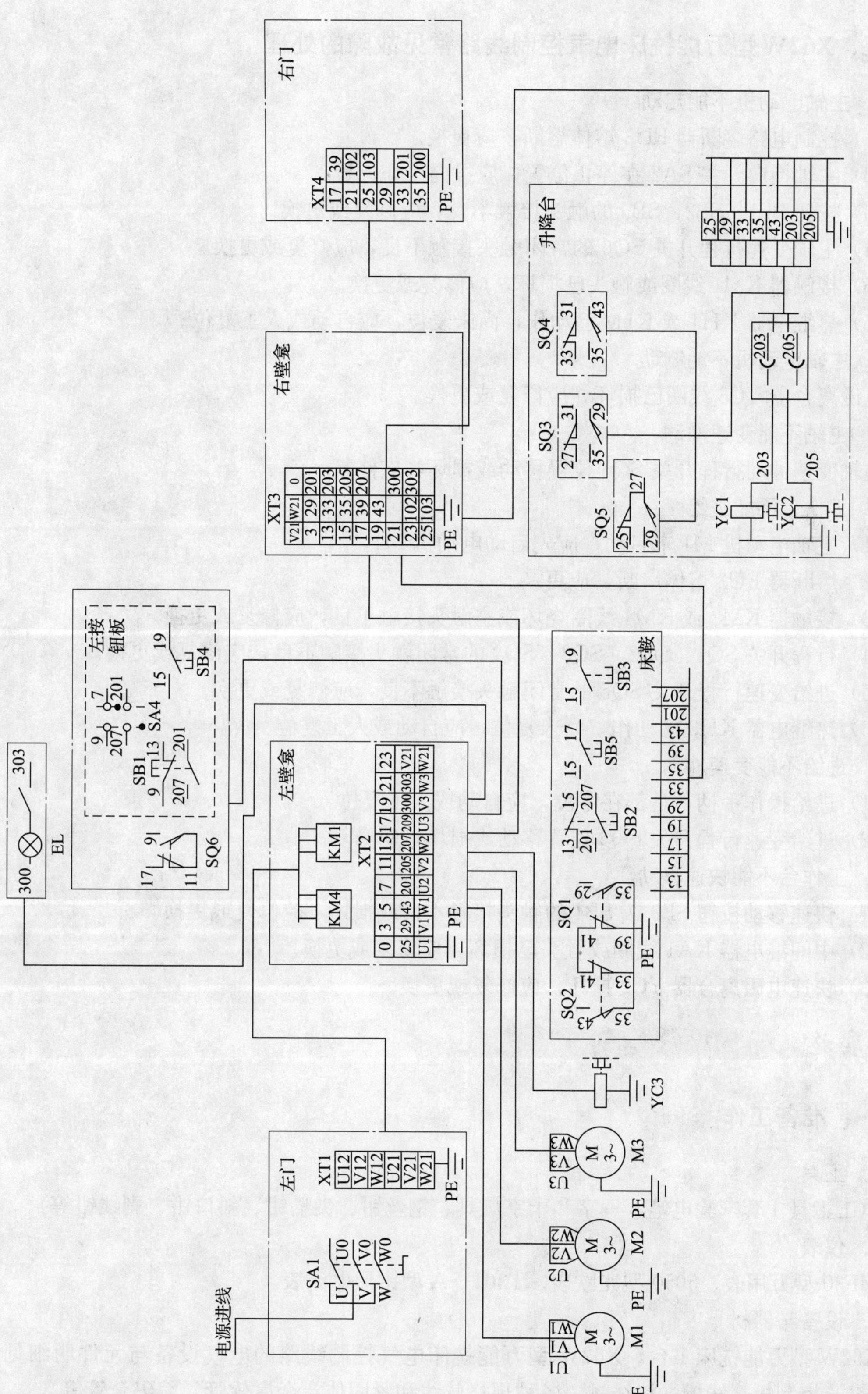

图 6—2—7　X62W 型万能铣床电气控制线路接线图

三、X62W 型万能铣床电气控制线路常见故障的处理

1. 主轴电动机不能启动

（1）控制电路熔断器 FU3 熔体熔断，应更换。

（2）主轴换向开关 SA2 在停止位置，应拨向工作位置。

（3）按钮 SB1、SB2、SB5 的触头接触不良，应修复或更换。

（4）主轴变速行程开关 SQ6 的常闭触头接触不良，应修复或更换。

（5）接触器 KM1 线圈或触头已损坏，应修复或更换。

（6）热继电器 KH1 或 KH2 已动作，尚未复位，应自动或人工复位。

2. 主轴电动机不能制动

电磁离合器 YC3 线圈已损坏，应修复或更换。

3. 主轴不能变速冲动

主轴变速冲动行程开关 SQ6 位置移动或损坏，应修复。

4. 工作台不能进给

（1）主轴电动机 M1 未启动，应先启动电动机 M1。

（2）熔断器 FU3 熔体熔断，应更换。

（3）接触器 KM3 或 KM4 线圈烧坏或主触头接触不良，应修复或更换。

（4）行程开关 SQ1、SQ2、SQ3、SQ4 的常闭触头接触不良，应修复或更换。

（5）进给变速行程开关 SQ5 的常闭触头接触不良，应修复或更换。

（6）热继电器 KH3 已动作，尚未复位，应自动或人工复位。

5. 进给不能变速冲动

（1）进给操作手柄不是都在零位，应自动或人工复位。

（2）进给变速行程开关 SQ5 位置移动或损坏，应修复。

6. 工作台不能快速移动

（1）快速移动按钮 SB3 或 SB4 的触头接触不良或损坏，应修复或更换。

（2）中间继电器 KA1 线圈或触头已损坏，应修复或更换。

（3）快速电磁离合器 YC2 损坏，应修复或更换。

任务实施

一、准备工作

1. 工具

电工工具 1 套（验电笔、一字和十字旋具、钢丝钳、尖嘴钳、斜口钳、剥线钳等）。

2. 仪表

MF30 型万用表、5050 型兆欧表、T301—A 型钳形电流表。

3. 设备与器材

X62W 型万能铣床 1 台，X62W 型万能铣床电气控制线路的电气设备与元件明细见表 6—2—1。控制板、线槽、接线排、各种规格软线和紧固体、金属软管、编码套管等。

表 6—2—1　　X62W 型万能铣床电气控制线路的电气设备与元件明细表

序号	符号	名称	型号或规格	数量	作用
1	M1	主轴电动机	Y132M—4—B3，7.5 kW、1 450 r/min	1	驱动主轴
2	M2	进给电动机	Y90L—4，1.5 kW、1 400 r/min	1	驱动进给
3	M3	冷却泵电动机	JCB—22，0.125 kW、2 790 r/min	1	驱动冷却泵
4	KM1	接触器	CJ0—20，20A、110 V	1	主轴启动
5	KM2	接触器	CJ0—10，10 A、110 V	1	控制 M2
6	KM3	接触器	CJ0—10，10 A、110 V	1	M3 正转
7	KM4	接触器	CJ0—10，10 A、110 V	1	M3 反转
8	SB1、SB2	按钮	LA2	2	M1 停止
9	SB3、SB4	按钮	LA2	2	快速进给点动
10	SB5	按钮	LA2	1	M1 启动
11	SA1	转换开关	HZ1—60/3J，60 A、500 V	1	总开关
12	SA2	转换开关	HZ3—133，60 A、500 V	1	M1 换向开关
13	SA3	转换开关	HZ1—10/3J，10 A、500 V	1	冷却泵开关
14	SA4	转换开关	HZ1—10/3J，10 A、500 V	1	换刀开关
15	SA5	转换开关	HZ1—10/3J，10 A、500 V	1	圆工作台开关
16	SA6	转换开关	LAY3—11/2	1	照明灯开关
17	SQ1	限位开关	LX1—11K	1	向右进给
18	SQ2	限位开关	LX3—11K	1	向左进给
19	SQ3	限位开关	LX2—131	1	向后、向下进给
20	SQ4	限位开关	LX2—131	1	向前、向上进给
21	SQ5	限位开关	LX2—11K	1	进给冲动
22	SQ6	限位开关	LX2—11K	1	主轴冲动
23	KH1	热继电器	JR0—60/3，16 A	1	M1 过载保护
24	KH2	热继电器	JR0—20/3，0.5 A	1	M2 过载保护
25	KH3	热继电器	JR0—20/3，3.5 A	1	M3 过载保护
26	FU1	熔断器	RL1—60，60 A	3	总电源短路保护
27	FU2	熔断器	RL1—15，10 A	3	M2、M3 熔断器
28	FU3	熔断器	RL1—15，5 A	1	控制电路熔断器
29	FU4	熔断器	RL1—15，2 A	1	直流回路熔断器
30	FU5	熔断器	RL1—15，1 A	1	照明保险
31	TC1	变压器	BK—150，380/110 V	1	控制回路电源
32	TC2	变压器	BK—50，380/24 V	1	整流电源
33	TC3	变压器	BK—100，380/36 V	1	照明电源
34	YC1	电磁离合器	B1DL—Ⅱ	1	正常进给
35	YC2	电磁离合器	B1DL—Ⅱ	1	快速进给
36	YC3	电磁离合器	B1DL—Ⅲ	1	主轴制动

二、操作步骤与要领

1. 设备与元件检查

按照表 6—2—1 配齐电气设备和元件，并逐个检查其规格和质量是否合格。

2. 布置图绘制

根据 X62W 型万能铣床电气控制线路图，画出设备与元件布置图。

3. 线路安装

（1）在控制板上安装电气设备与元件，并在各电气设备与元件附近做好与电路图上相同代号的标记。

（2）按照控制板内布线的工艺要求进行布线和套编码套管。

（3）进行控制箱外部布线，安装控制板外部的电器。对于可移动的导线通道应留适当的余量，使金属软管在运动时不承受拉力，并按规定在通道内放好备用导线。

4. 线路调试

（1）检查电路的接线是否正确和保护接零是否良好。

（2）检查行程开关 SQ1～SQ6 的安装位置是否符合机械要求。

（3）检查热继电器的整定值是否等于电动机的额定电流值。各级熔断器的熔体是否符合要求，如不符合要求应予以更换。

（4）检查电动机的安装是否牢固，与生产机械传动装置的连接是否可靠。

（5）检测电动机及线路的绝缘电阻。

（6）卸下主轴电动机 V 带，在电动机空载时接通电源开关，点动控制主轴电动机启动，检查电动机的转向是否是顺时针方向。

（7）通电空载试车时，应认真观察各电气元件、线路和电动机的工作情况是否正常。如不正常，应立即切断电源进行检查，在调整或修复后方能再次通电试车。

（8）空载试车正常后，方可连接主轴电动机 V 带，在轻载状态下认真观察传动装置的工作情况是否正常。如不正常，应立即切断电源进行检查，在调整或修复后方能再次通电试车。

三、注意事项

（1）不要漏接保护接零线。严禁采用金属软管作为接地通道。

（2）在控制箱外部进行布线时，导线必须穿在导线管道内或敷设在机床底座内的导线管道里。所有的导线在管道内不允许有接头。

（3）进行接线时，要做到连接一根导线，同时立即套上编码管，接上后再进行复检。

（4）不能互换开关 SA2 上两触头的接线；不能随意改变进给电动机的电源相序。在进行进给驱动时，一定注意各个开关和操作手柄的具体位置。

（5）在安装、调试过程中，工具、仪表的使用应符合要求。

（6）通电操作时，必须严格遵守安全操作规程。

任务评价

评分标准

序号	项目内容	评分标准		配分	得分
1	设备与元件检查	电气设备与元件漏检或错检，每处扣1分		5	
2	器材选用	(1) 导线选用不符合要求，每处扣5分 (2) 穿线管选用不符合要求，每处扣2分		10	
3	线路安装	(1) 控制箱内部元件安装不符合要求，每处扣2分 (2) 控制箱外部电气设备与元件安装不牢固，每处扣2分 (3) 损坏电气设备与元件，每只扣10分 (4) 电动机安装不符合要求，每台扣5分 (5) 导线通道敷设不符合要求，每处扣4分		20	
4	线路检查	(1) 不按电路图接线，扣20分 (2) 控制箱内导线敷设不符合要求，每根扣3分 (3) 通道内导线敷设不符合要求，每根扣3分 (4) 漏接接地线，扣8分		30	
5	通电试车	(1) 位置开关安装不合适，扣5分 (2) 整定值未整定或整定错，每只扣5分 (3) 熔体规格配错，每只扣5分 (4) 通电试车不成功，扣30分		35	
6	安全文明生产	(1) 违反安全文明生产规程，扣5～40分 (2) 发生人身和设备安全事故，不及格			
7	定额时间	6 h，超时扣5分			
8	备注		合计	100	

思考与练习

一、填空题

1. X62W型万能铣床共有________台电动机，它们分别是________、________和________。

2. 热继电器KH1、KH2、KH3为电动机M1、M2、M3提供________。

3. 主轴电动机M1的启动与停止分别由按钮________、________控制，主轴的正反转是由________实现的。

4. 工作台进给方向有左右的纵向运动，前后的横向运动和上下的垂直运动。它是依靠________来实现，而正反转接触器KM3、KM4是由两个________控制的。

5. 在进给变速时，为使齿轮易于啮合，电路中设有________控制环节。

二、判断题

1. X62W型万能铣床主轴电动机的正反转是由接触器KM1和KM2来实现的。(　　)

2. X62W 型万能铣床主轴电动机停止采用能耗制动。（ ）

3. 当不需要圆工作台运动时，将 SA1 置于“断开”位置。（ ）

4. 在操作 X62W 型万能铣床时，按下 SB1，发现接触器 KM1 得电动作，但主轴电动机 M1 不能启动，则故障原因可能是热继电器 KH1 动作后未复位。（ ）

三、选择题

1. X62W 型万能铣床的进给运动和快速移动是由（ ）驱动的。

A. 主轴电动机　B. 进给电动机　C. 冷却泵电动机

2. X62W 型万能铣床的向上、向后进给的行程开关是（ ）。

A. SQ1　B. SQ3　C. SQ4　D. SQ6

3. X62W 型万能铣床中的主轴换向开关是（ ）。

A. SA2　B. SA3　C. SA4　D. SA5

四、问答题

1. X62W 型万能铣床由哪些基本控制环节组成?

2. X62W 型万能铣床控制电路中工作台向左进给运动控制的工作原理是什么?